ART

DE MULTIPLIER LE GIBIER

ET

DE DÉTRUIRE LES ANIMAUX NUISIBLES..

On trouve cet Ouvrage aux adresses suivantes :

A

Aleuçon ,	chez	Bonvoust.
Angers,	—	Fourrier-Mame.
Avignon ,	—	Aubanel.
Bayeux ,	—	Groult.
Besançon ,	—	Girard.
Blois,	—	Aucher-Eloy.
Bordeaux ,	—	{ Gassiot. Veuve Bergeret.
Bourges,	—	Gilles.
Bruxelles ,	—	{ Le Charlier. Demat.
Caen,	—	Madame Lebaron.
Cambrai,	—	Hurez.
Châlons-sur-Saône ,	—	Dejussieu
Clermont,	—	Landriot.
Dijon,	—	Lagier.
Gaud ,	—	Hubert Dujardin.
Genève ,	—	Paschoud.
Lausanne ,	—	Michoud.
Hâvre,	—	Chapelle.
Liége,	—	Desoër.
Lille,	—	Vanakère.
Lyon ,	—	Périsse frères.
Le Mans,	—	{ Pesche. Madame Dureau.
Marseille ,	—	{ Camoin frères. Masvert.
Metz,	—	De Villy.
Mons,	—	Leroux.
Nancy,	—	Vincenot.
Nantes ,	—	{ Madame Busseuil jeune. Mellinet-Malassis.
Orléans ,	—	Monceau.
Provins,	—	Lebeau.
Rennes ,	—	Duchesne.
Rouen ,	—	Frère aîné.
Strasbourg ,	—	{ Treuttel et Wurtz. Février. Levrault.
Toulouse ,	—	Devers.
Tours ,	—	Veuve Vauquer-Lambert.
Turin ,	—	Pic.
Valenciennes	—	Lemaître.

ART
DE MULTIPLIER LE GIBIER

ET

DE DÉTRUIRE LES ANIMAUX NUISIBLES.

CONTENANT

La meilleure méthode de propager, entretenir et conserver le gibier, tant en liberté que dans les parcs ; les moyens de le prendre vivant et de le transporter ; les fonctions des gardes-chasse ; un précis de la législation, et la description de tous les piéges employés pour la destruction des bêtes carnassières et des oiseaux de proie. Extrait du *Traité général des Chasses*, dédié à M. le comte de Girardin, premier veneur de la Couronne, par une société de chasseurs.

AVEC DOUZE PLANCHES GRAVÉES.

PARIS,

AUDOT, LIBRAIRE-ÉDITEUR,

RUE DES MAÇONS -SORBONNE, N 11.

1823.

L E S contrefacteurs seront poursuivis
selon toute la rigueur de la loi.

Extrait du Code pénal.

Art. 425. Toute édition d'écrits, de composition musi-
cale, de dessin, de peinture ou de toute autre production,
imprimée ou gravée EN ENTIER OU EN PARTIE, au
mépris des lois et règlemens relatifs à la propriété des auteurs, est une contrefaçon ; et toute contrefaçon est un délit.

Art. 427. La peine contre le contrefacteur, ou contre l'introducteur, sera une amende de cent francs au moins, et de
deux mille fr. au plus; et contre le débitant, une amende
de vingt-cinq fr. au moins, et de cinq cents fr. au plus.

La confiscation de l'édition contrefaite sera prononcée
tant contre le contrefacteur que contre l'introducteur et le
débitant.

Les planches, moules ou matrices des objets contrefaits
seront aussi confisqués.

AVERTISSEMENT.

Il ne suffit pas d'exceller dans l'art de la chasse, et d'avoir à sa disposition les armes et tout ce qu'exige ce noble exercice, le point essentiel est de trouver du gibier; et le plus grand obstacle aux plaisirs des chasseurs est précisément la difficulté d'en rencontrer, tant il est devenu rare depuis la révolution, où il a été presque entièrement détruit.

Nous avons donc pensé qu'on accueillerait avec faveur un ouvrage qui traiterait des moyens de multiplier le gibier, de le conserver, et de le maintenir dans une proportion convenable dans l'intérêt de l'agriculture, cette source de la prospérité publique. Le *Traité général des*

Chasses, dont le succès prouve le mérite, contient un excellent traité sur cette matière ; et nous avons cru ne pouvoir mieux faire que de l'extraire pour en former un ouvrage séparé que son prix mettrait à la portée de toutes les personnes qu'il peut intéresser.

L'art de multiplier le gibier ne consiste pas seulement dans les moyens d'en peupler une terre, il faut encore savoir l'y conserver en l'empêchant de devenir nuisible par trop d'abondance, et le défendre contre ses nombreux ennemis. L'ouvrage que nous mettons au jour présente cet art sous ces divers aspects, et doit convenir à beaucoup de personnes.

Tous les propriétaires ont besoin de le connaître, en ce qu'il se rattache à l'économie rurale, autant sous le rapport de la propagation du gibier, que sous celui de la destruction des animaux nuisibles qui font une guerre aussi active aux animaux domestiques qu'au gibier; S'ils ont des gardes, ils sauront ce qu'ils doivent en exiger, et ce que permettent ou défendent les lois en vigueur.

Les chasseurs qui, trop exercés dans leur art pour consulter les ouvrages qui l'ont pour objet, ont négligé de se procurer le *Traité général des Chasses,* sentiront le besoin de celui-ci, dans lequel ils trouveront des moyens sûrs de multiplier les espèces de gibier qu'ils aiment à chasser, et d'augmenter ainsi leurs plaisirs.

Les gardes, spécialement chargés de la surveillance des chasses, y trouveront un guide assuré pour remplir convenablement leurs fonctions, ainsi que la connaissance des droits que leur donne la législation actuelle pour se défendre contre les entreprises des braconniers.

Mais un autre point de vue sous lequel cet ouvrage n'est pas moins utile, c'est que plusieurs des moyens qu'il indique peuvent s'appliquer à l'économie rurale, et en augmenter les richesses en soumettant à la domesticité quelques animaux qui jusqu'alors s'y sont soustraits, et qu'un peu de soins peut rendre nos tributaires.

Il nous semble suffisant d'avoir indiqué, sans les développer, les divers rapports d'utilité de cet ouvrage, et nous espérons qu'on nous saura gré d'avoir cherché à répandre quelques lumières sur une matière qui n'avait pas encore été traitée.

ART

DE MULTIPLIER LE GIBIER

ET

DE DÉTRUIRE LES ANIMAUX NUISIBLES.

L'art de peupler une terre de gibier, lorsqu'il n'y en a jamais eu, ou lorsque la population est devenue trop faible, est une connaissance importante pour les grands propriétaires qui, en cherchant à multiplier leurs plaisirs, ont intérêt à y mettre une économie bien entendue. Nous allons donc nous occuper avec quelques détails des moyens qu'il convient d'employer ; mais nous devons dire ici que la plupart de ceux que nous indiquerons pour le gibier à poil ont été puisés dans l'ouvrage allemand de M. Hartig.

Voici le plan de notre travail sur la propagation et la conservation du gibier : nous le divisons en deux chapitres : dans le premier, nous traitons de la propagation. Ce chapitre comprendra lui-même trois sections : la première contiendra les moyens de propagation du gibier en liberté, tant pour peupler une terre pour la première fois, que pour la repeupler, lorsque sa population est trop affaiblie ; la seconde offrira tous les renseignemens nécessaires sur l'établissement des parcs, les moyens de les peupler et d'y entretenir le gibier ; enfin la troisième sera composée de la méthode de prendre dans les toiles le gibier vivant, avec l'indication des moyens usités pour le transporter dans les lieux où on veut le fixer.

Dans le second chapitre, nous traiterons de la conservation du gibier.

Il sera également divisé en trois sections : la première contiendra les devoirs d'un garde-chasse ; la seconde un précis de la législation en vigueur sur la chasse, et la troisième tous les moyens de destruction à employer contre les animaux nuisibles et les oiseaux de proie, ennemis implacables du gibier.

Il est sans doute inutile de dire que l'on ne peut peupler une terre que de gibier sédentaire ; ainsi les espèces que l'on peut essayer de propager sont :

En gibier à poil, le cerf, le daim, le chevreuil, le sanglier, le lièvre et le lapin de garenne ;

En gibier à plumes, le faisan, les perdrix rouge et grise, le grand et petit coq de bruyère, la gelinotte et le canard sauvage.

Le gibier à poil peut être entretenu en liberté et dans des parcs ; le gibier à plumes ne peut l'être qu'en liberté, excepté, toutefois, les faisans que l'on conserve aussi dans des lieux clos, dont ils s'éloignent cependant souvent.

CHAPITRE PREMIER.

DE LA PROPAGATION DU GIBIER.

SECTION PREMIÈRE.

DE LA PROPAGATION DU GIBIER EN LIBERTÉ.

§ Iᵉʳ. *Du Cerf.*

L'EXPÉRIENCE apprend que les cerfs ne se plaisent pas également dans tous les cantons, et que si sans précaution on lâche ces animaux en liberté dans un endroit qui ne leur convient pas, non-seulement ils n'y restent pas, mais encore ils s'en éloignent souvent de plusieurs lieues, et savent parfois regagner à de grandes distances la forêt d'où on les a tirés. On doit donc être très-attentif sur le choix du canton où on veut les placer ; et on réussira toujours, si la forêt, où on les met, leur offre un séjour plus agréable et plus abondant en nourriture que celui qu'ils quittent.

Le cerf se tient de préférence dans les grands bois éloignés de tout bruit ; il aime

surtout ceux dans lesquels il rencontre beaucoup de fourrés, de bonnes prairies, des
herbes qui lui conviennent, quelques terres cultivées, des ruisseaux, des taillis de
chênes ou de hêtres, enfin un terrain inégal
et parsemé de rochers. Il fuit au contraire les
endroits où il est inquiété, et où il ne trouve
pas des reposées commodes, de l'eau et de
bons gagnages; en un mot, les petites forêts
en terrain plat ne sauraient lui convenir.

Ayant donc fait choix d'un canton, voici
comment il faut procéder :

Vers le centre du canton choisi, en enclôt
de palissades ou de planches de huit pieds et
demi de hauteur un espace de quinze à vingt
arpens environ, et cela de manière à ce
qu'aucun chien ne puisse y pénétrer (1).

On a soin de tracer ce parc provisoire dans
la partie la plus solitaire de la forêt, sur un
terrain incliné, au moins en partie, au sud-
ouest, et couvert de fourrés de jeunes bois
qui puissent servir de retraites aux cerfs. Ce
parc doit renfermer quelques arpens propres
à la culture, un peu de prairie, et surtout

____

(1) *Voyez* au paragraphe premier, section II, ce que
nous disons sur les clôtures des parcs.

un ruisseau d'eau limpide, sur les bords duquel on puisse pratiquer quelques places marécageuses, pour que ces animaux puissent s'y vautrer.

L'enclos terminé, on sème, pendant l'été, dans le terrain susceptible de culture, un peu de grosses raves, et, au commencement de l'automne, un peu de seigle, afin de procurer une nourriture agréable aux animaux qu'on se propose d'enfermer dans ce parc. On s'occupe ensuite d'y faire établir un *pain salé* (1), soit dans une clairière, soit près de l'eau.

Tout étant ainsi préparé, on cherche à se procurer, aussitôt après le rut, c'est-à-dire vers le mois de novembre, six à dix biches de dix-huit mois à deux ans, et deux à trois jeunes cerfs (2) ; on les transporte avec toutes les précautions nécessaires.

Une fois dans le parc, on les nourrit non-seulement avec de bon foin et du regain de luzerne, mais encore, tant qu'il ne gèle pas, avec des glands, des châtaignes, des fruits sauvages, des pommes de terre, des carottes

---

(1) *Voyez* à la section II ce que c'est qu'un pain salé.

(2) *Voyez* à la section III la manière de prendre les bêtes et de les transporter.

et des choux, que l'on place alternativement dans des endroits secs et en petits tas (1).

Au printemps suivant, on fait semer au-dehors de la clôture un espace de terrain en avoine et en vesce; on renouvelle les pains salés; et lorsque les biches ont mis bas, on fait enlever, avec le moins de bruit possible, dans une longueur de cinquante à soixante pieds, la clôture contiguë au terrain ensemencé, et on laisse aux bêtes la faculté de sortir, sans les inquiéter en aucune manière.

Par ce moyen, elles oublient bientôt leur ancienne demeure, se fixent dans le canton, et y propagent leur espèce autant qu'on peut le désirer, pourvu, toutefois, que la forêt reste parfaitement calme, que partout où des hardes vont s'établir, on forme des pains salés, et qu'enfin dans l'hiver, lorsque la terre est couverte de neige, on ne néglige pas de les nourrir, soit avec du foin, soit avec de la ramée (2). Dans cet état, on n'aura plus qu'à veiller à ce que la population se maintienne au point convenable.

____

(1) *Voyez* à la section II la nourriture dans les parcs.

(2) *Voyez* plus loin, section II, ce que c'est que la ramée.

Supposons maintenant qu'une forêt ait été dépeuplée, soit par suite de chasses trop fréquentes ou faites sans ménagement, soit par toute autre cause, excepté le cas où ces animaux ne se plairaient pas dans le canton, il suffit ordinairement de prendre les précautions suivantes :

1° Laisser la plus grande tranquillité au gibier qui reste.

2° Ne tuer aucune biche, et conserver toujours un nombre de cerfs égal au sixième de celui des biches.

3° Si l'on reconnaît que le nombre des cerfs excède trop cette proportion, ne les chasser qu'avec précaution et en évitant le bruit autant que possible : pour cela, il faut se borner à les tirer à l'affût ou à la surprise, et ne laisser aller un chien dans le bois que lorsque cela est indispensable pour suivre une bête blessée.

4° Avoir soin d'établir et d'entretenir les pains salés dans les clairières ou les prairies intérieures de la forêt.

5° Exercer la plus grande surveillance, pour que les cerfs ne soient troublés en aucune façon pendant le rut, ni les biches pendant la mise bas.

6° Disposer, dans les endroits où les cerfs se rassemblent de préférence dans le temps du rut, des parties de terrain qu'on ensemence en grosses raves, en avoine qu'on sème tard, en pois et en vesce. On ferme ce terrain avec des claies mobiles, assez hautes pour ne pas être franchies, et on ne les retire qu'au temps du rut. On plante aussi quelques arbres à fruit ; les chênes et les hêtres, par exemple, fournissent une glandée que les cerfs aiment beaucoup. Il faut avoir soin de faire entourer ces plantations d'un treillage, que l'on laissera subsister jusqu'à ce qu'elles aient au moins dix ans ; autrement les bourgeons et jeunes pousses seraient mangés par les cerfs qui en sont très-friands.

7° S'il y a de la glandée dans les endroits les plus fréquentés par les cerfs, tâcher d'en défendre l'approche contre les sangliers et contre les porcs qu'on est quelquefois dans l'usage d'y conduire. Lorsque la glandée est abondante, on peut en faire ramasser jusqu'à la concurrence d'environ cinquante livres par tête ; on la conserve dans un endroit tempéré, sur une couche de sable, et on la donne aux cerfs quand le temps l'indique.

8° Avoir soin, dès que la terre est couverte

de neige, de donner en quantité convenable la nourriture que nous avons indiquée plus haut. On doit même, lorsqu'on s'aperçoit qu'elle devient rare dans la forêt, faire commencer les coupes, particulièrement celles des bois tendres ; ce qui procure aux cerfs un aliment de leur goût. Lorsqu'il s'y trouve des ventes, ils se nourrissent de racines.

Avec ces soins, ce gibier multipliera d'une manière sensible, et arrivera successivement au point où on désire le porter.

Il y a des cantons qui, quoique très-favorables aux cerfs, n'en possèdent cependant que momentanément. Si ces bêtes de passage consistent seulement en cerfs mâles qui y résident pendant l'été et partent à l'époque du rut pour courir à la recherche des biches, on peut essayer d'établir un parc provisoire et le peupler, comme nous l'avons dit, pag. 6. Le nombre des biches augmentant chaque année, les cerfs de passage s'y fixeront à demeure. Peu à peu, surtout si l'on s'abstient de tirer pendant deux ans, et qu'on évite de laisser pénétrer des chiens dans le canton, ces animaux se fixeront dans un lieu où rien ne troublera leur repos, et où ils trouveront une nourriture abondante.

Cependant toutes ces tentatives deviendraient inutiles, si la localité n'était pas convenable, et si les remises que les cerfs auraient choisies pour leur résidence d'été ne pouvaient être tranquilles qu'autant que les plaines environnantes seraient couvertes de grains.

§ II. *Du Daim.*

Tout ce que nous avons dit du cerf peut s'appliquer au daim. Seulement il faut observer que cet animal veut un climat plus doux; qu'il aime les forêts dont le sol sec est entrecoupé de terres ensemencées et de prairies; qu'il préfère les taillis aux grands bois, et qu'il se plaît particulièrement dans les endroits où, à côté des hautes futaies, il trouve des fourrés pour se retirer. Il est à remarquer que le daim est moins farouche que le cerf; qu'il viande sans crainte non loin des lieux habités, et que par cette raison il est plus aisé à fixer.

On peut se borner à donner à l'enclos que l'on établira la moitié de l'étendue de celui destiné aux cerfs, et employer des palissades plus basses d'un pied. Il n'est pas besoin d'y renfermer des endroits marécageux, parce que le daim n'aime pas à se vautrer.

Les précautions indiquées pour le cerf doivent être prises pour repeupler un canton, lorsqu'il ne contient plus un assez grand nombre de daims.

§ III. *Du Chevreuil.*

Le chevreuil aime les terrains montueux; il préfère les taillis aux grands bois, et se fixe particulièrement dans les forêts basses, entrecoupées de prairies sèches, de terres cultivées et de marécages boisés, surtout lorsqu'il n'y est pas inquiété. On le voit peu dans les forêts de montagnes et dans les bois des plaines trop fréquentés.

Pour repeupler un canton de chevreuils, on emploie les mêmes moyens que pour le cerf. On observera qu'il suffit que les palissades aient six pieds et demi à sept pieds; mais l'enceinte devra être au moins de dix arpens, parce que le chevreuil ne se plaît pas dans un espace trop resserré, et qu'il périrait si l'on essayait de l'y faire rester. Nous dirons à cette occasion que le bois nécessaire à l'établissement de l'enceinte ne devant rester que six mois, ne perd rien de sa valeur comme bois de chauffage, et que l'économie de main-d'œuvre, qui résulterait du rétrécissement de l'enclos, ne peut entrer en comparaison avec le risque que l'on court de perdre les animaux qu'on y renferme.

Enfin il faut dire encore que, le chevreuil ne se vautrant jamais, il est inutile de faire des dispositions à cet égard, et que, le rut ne finissant que vers la fin de janvier, c'est seulement à cette époque qu'on doit s'occuper de se procurer les bêtes que l'on veut enfermer dans le parc provisoire.

Lorsqu'il s'agit de faire multiplier dans un canton des chevreuils, qu'ils soient venus s'y fixer, ou qu'ils forment le reste d'une population détruite en partie par diverses circonstances, il faut aux précautions indiquées pour le cerf joindre les suivantes:

1° Détruire les loups et les renards.

2° Ne tuer, soit à l'affut, soit à la surprise, que les mâles inutiles à la propagation et les chevrettes hors d'âge; la proportion des mâles doit être aux femelles comme de un à trois, si on veut que toutes les chevrettes soient fécondées.

3° Faire répandre, au printemps, de la

cendre sur les pâturages pour qu'ils fournissent une nourriture plus abondante.

4° Faire semer, à la même époque, dans
les terrains vides, où les chevreuils se tiennent
de préférence, un peu d'avoine, de pois et
de vesce, et, à l'automne, de l'orge.

5° Aussitôt que la feuille est tombée, faire
commencer les coupes, et laisser, s'il est possible, sur la terre les branchages qui en pro-
viennent sans être réunis en fagots jusqu'au
printemps suivant, afin que les chevreuils
puissent en manger les boutons et l'écorce.

§ IV. *Du Sanglier.*

Le sanglier ne convient en liberté que dans
les cantons incultes où se trouvent d'épaisses
forêts de chênes et de hêtres, parce que,
lorsqu'il est à portée des terres labourées, il
y cause infailliblement les plus grands dommages.

En admettant que l'on ait un emplacement
convenable, voici comme il faut s'y prendre
pour peupler un canton de sangliers :

On cherchera, vers le mois le décembre,
à se procurer un sanglier mâle de deux ans

environ (1), et on le placera dans un enclos fermé par un mur haut de sept pieds, ou par une forte palissade de même hauteur. Il faut que cette palissade soit établie de telle sorte que le sanglier ne puisse pas faire de trouée par dessous, ce qu'il essaiera d'autant plus souvent que l'espace dans lequel il se trouvera renfermé sera plus resserré. Il est essentiel qu'il y ait dans l'enclos quelques bouquets de bois.

On le nourrira tour à tour avec des glands, des pois, des fèves, de l'avoine, de l'orge, des pommes de terre, etc.; et on n'oubliera pas surtout de lui donner de l'eau.

On se procurera ensuite deux ou trois truies de couleur grise, âgées de deux ou trois ans; il faudra les prendre au moment où elles seront en chaleur, et on les laissera l'une après l'autre avec le sanglier, jusqu'à ce qu'on se soit assuré que l'accouplement ait eu lieu quelquefois.

Ce soin pris, on fera entourer au centre de l'enclos un espace d'environ un arpent, avec

---

(1) Pour prendre un sanglier de cette force, il n'est pas précisément indispensable d'avoir recours aux toiles. On peut, pour cela, se servir de chiens légers; et s'il n'est pas blessé grièvement, il remplira le but qu'on se propose.

des palissades hautes de sept pieds hors de terre, et enfoncées d'un pied. Ce parc devra renfermer un peu de fourré, des buissons d'épines, de l'eau courante sur les bords de laquelle on pratiquera des bas-fonds s'il n'en existe pas. Vers le mois de février, on y placera les truies qui auront été couvertes par le sanglier; on aura soin de leur donner la nourriture nécessaire qui consistera, s'il gèle, en graines de toute espèce, et, par un temps doux, en pommes de terre mêlées avec ces graines. On déposera cette nourriture dans l'enceinte par petits tas, afin que les truies les plus faibles ne soient pas mordues et repoussées par les autres.

Lorsqu'elles auront mis bas, on enlèvera une partie de la palissade; mais on continuera encore pendant un an à apporter la nourriture à la même place, en observant cependant d'en diminuer progressivement la quantité; enfin on cessera tout-à-fait, à moins que la terre ne soit couverte d'une neige épaisse, ou qu'il y ait, dans le canton, disette de nourriture convenable.

Par ces moyens, et si l'on a soin surtout que le canton qu'habitent les truies ne soit pas troublé, elles deviendront bientôt sau-

vages ; les marcassins le seront presque aussitôt après leur naissance , et , à la seconde génération, il n'y aura point de différence entre
eux et les vrais sangliers. Ces élèves s'accou-
pleront vers leur vingtième mois ; et , comme
l'espèce en général pullule beaucoup, on en
aura en peu d'années une grande quantité ,
surtout si l'on veille à ce qu'ils ne soient pas
inquiétés et si l'on a soin de pourvoir à leur
nourriture toutes les fois que cela sera nécessaire.

Pour repeupler une forêt de sangliers lorsqu'il s'y en trouve encore quelques-uns , il
suffit de veiller à laisser en repos ceux qui
restent, de n'en tuer aucun pendant quelques
années , et , lorsque l'on recommencera à
chasser, de ménager beaucoup les laies , enfin de pourvoir à leur nourriture pendant
l'hiver.

§ V. *Du Lièvre.*

Tout canton cultivé , pourvu qu'il ne soit
ni bas, ni humide, convient aux lièvres ; on
les verra surtout multiplier beaucoup sous
un climat doux et sur un terrain sec , entrecoupé de terres labourées , de petits bois et
de coteaux boisés ou plantés de vignes , et à

l'exposition du midi, pourvu qu'ils n'y soient point inquiétés.

Lorsque l'on veut peupler un canton de lièvres, il faut d'abord y détruire les animaux nuisibles. Ensuite on choisit un petit bois ou un endroit entrecoupé de remises, de haies et de buissons, et on dépose au printemps une quantité plus ou moins grande de hases, suivant l'étendue du terrain, et des bouquins dans la proportion d'un mâle pour trois femelles. Les nouveaux-nés ne quitteront pas le pays s'ils ne sont pas tourmentés, et on verra bientôt leur nombre augmenter d'une manière sensible, si on continue à les protéger contre les animaux destructeurs, et si l'on ne se hâte pas trop de chasser.

Si l'hiver était rigoureux, ou que la neige fût abondante, il faudrait, pour les empêcher d'aller au loin chercher leur nourriture, leur ire donner du foin, du regain de luzerne, des débris de choux et autres légumes. Quelques auteurs conseillent le trèfle ; mais nous observerons que ce fourrage sec n'est pas plus convenable aux lièvres qu'aux autres animaux ; ils le digèrent difficilement et meurent quelquefois constipés.

Dans les grandes plaines qui n'offrent aucune retraite pour le gibier, on fera bien de planter des haies et des buissons qui serviront aux lièvres d'abri contre le froid et les bêtes nuisibles. Ces buissons devront être plantés de l'est à l'ouest, et on aura soin de garantir les jeunes pousses de la dent des lièvres.

S'abstenir de chasser pendant quelques années, veiller à la destruction des bêtes nuisibles, ne laisser aller aucun chien dans le canton qu'occupent les lièvres; planter, si cela est nécessaire, quelques bouquets de bois, pourvoir à la nourriture quand les circonstances l'exigent : telles sont les précautions à prendre pour repeupler un canton où le nombre des lièvres est trop diminué. Lorsque la population est arrivée au point désiré, il faut, pour l'y entretenir, et rendre même la chasse plus productive, avoir soin, tous les ans, au mois de février, d'*ébouquiner*, c'est-à dire de détruire les bouquins surabondans, autrement ils tourmentent les hases, et nuisent à la reproduction. Cette opération peut être faite par un garde qui les tire à l'affût à la sortie et à la rentrée. On peut aussi y employer le panneau; mais ce moyen est moins bon, en ce que les hases prises dans ce filet

sont souvent maltraitées et se cassent quelquefois les membres.

§ VI. *Du Lapin.*

On sait que l'espèce du lapin multiplie avec
une prodigieuse facilité, que souvent même
elle devient un véritable fléau, et que le pro-
fit qui peut en résulter est loin de compenser
les ravages qu'elle cause, surtout pendant l'hiver qu'elle dévore toutes les plantations. Il
est contraire aux lois de la prudence de chercher à multiplier les lapins dans les endroits
où il n'en existe pas, surtout lorsque les localités leur permettent de devenir nuisibles.

Si cependant on avait intention de peupler
un terrain , et qu'on pût le faire sans redou-
ter les inconvéniens qu'entraînent ces animaux, il suffirait d'en mettre quelques couples
dans un bois d'un sol sablonneux, et bientôt sans autre soin ils seront très-abondans.

§ VII. *Des Faisans.*

On peut espérer de peupler un bois de faisans lorsqu'il est convenablement exposé au
midi, et divisé partie en jeunes tailles abondantes en fourmilières, partie en plaine pour
les gagnages que l'on aura soin d'entretenir,

et une autre partie plantée de grands arbres où ils puissent se brancher.

Avant d'y placer les faisans, on aura soin de les bien *agrener* de petit blé ou d'orge que l'on jettera le long des routes qui seront nettoyées à cet effet. Dès les premiers jours de mars, on peut lâcher les faisans dans ces mêmes routes, ce que l'on aura soin de faire le soir pour éviter qu'ils ne s'éloignent en prenant un trop grand vol. La proportion à observer est de mettre un coq pour six poules que l'on choisira autant que possible élevés ensemble, car le mâle est très-méchant. On tâchera de les habituer à venir au sifflet prendre leur nourriture que l'on leur donnera toujours dans les routes, au même endroit et aux mêmes heures ; on aura également soin de veiller à ce qu'ils puissent trouver à boire. Si enfin ils venaient à s'éloigner, il faudrait, par des manœuvres ou rabats, les ramener dans le canton.

Lorsque les poules pondront, ce qui a lieu dans la première quinzaine d'avril, elles ne chercheront plus qu'à faire leurs nids pour couver, et les faisandeaux nés dans le canton ne s'en éloigneront pas. Cependant, lorsque la saison de la chasse sera arrivée, on fera bien de tuer les vieux coqs qui pourraient s'écarter et emmener les élèves.

On peut encore employer le moyen que nous indiquons ci-après pour les perdrix rouges.

Voyez aussi l'article *faisanderie* pour ce qui concerne la manière d'élever les faisans.

§ VIII. *De la Perdrix rouge.*

Les terrains graveleux et sablonneux, plutôt en pente exposée au midi qu'en plaine, sont ceux qui conviennent le mieux à ce gibier. Il meurt dans les plaines humides, ou il les abandonne, et il réussit rarement dans celles où se plaît la perdrix grise. Les lieux que l'on veut peupler de perdrix rouges étant choisis comme nous venons de le dire, devront en outre offrir des remises, des buissons et des haies où elles puissent se cacher, étant très-farouches, et y trouver un abri contre l'oiseau de proie.

Il en est de cette espèce de gibier comme de toutes les autres; sa propagation réussit toujours moins bien lorsque l'on peuple un canton avec des perdrix prises au loin, qui sont toujours fatiguées, qui meurent ou fuient les lieux avant de les connaître, que lorsqu'on le fait avec des jeunes que l'on a élevés soi-même.

Supposant donc que l'on adopte ce dernier moyen, lorsque les perdreaux élevés, comme on le dira à l'article *faisanderie*, auront atteint l'âge de quinze jours, temps favorable pour les mettre en liberté, on doit placer la poule qui les a couvés dans une boîte à faisandeaux, ou tout au moins, ce qui est plus économique, l'attacher à un piquet sous une hutte en paille d'un mètre cinquante centimètres de long sur un de large et un de hauteur; le toit doit être garni en paille pour ne pas être pénétré par la pluie, et elle doit être fermée par moitié à ses extrémités pour offrir un abri contre le vent.

On nettoie une place devant la hutte pour y placer la nourriture et la boisson; pendant quinze jours, elle se compose d'œufs de fourmis et de pain émietté avec des œufs durs et de l'eau claire. On leur en donne peu et souvent, et l'on diminue le nombre des repas à mesure que les perdreaux grandissent. On a soin de les changer de place tous les deux ou trois jours pour empêcher que la terre ne prenne une mauvaise odeur; enfin on met la poule en liberté lorsque les perdreaux sont assez forts pour la suivre. On continue cependant de leur donner à manger à des heures fixes, telles que le matin à six heures, à midi et à quatre heures du soir. On peut leur donner du petit blé ou de l'orge aux repas du matin et du soir. On les fait venir en sifflant, habitude qu'on a dû leur faire prendre dès le commencement, chaque fois qu'on leur a donné à manger.

On peut, avant de chasser la première année, retirer les poules couveuses.

Si le sol convient, si l'on a soin de détruire les pies et les corneilles, espèces nombreuses et très-nuisibles pendant la ponte, on pourra, par ce moyen, réussir à le peupler de perdrix rouges, et même de faisans, en s'y prenant absolument de la même manière.

§ IX. *De la Perdrix grise.*

Les grandes plaines entrecoupées de prairies conviennent particulièrement à la perdrix grise, surtout s'il s'y trouve des remises, des buissons et des haies qui puissent lui servir de refuge contre les poursuites des oiseaux de proie.

Dans tel canton, il suffit, pour voir multiplier

tiplier cette espèce, de prendre les précautions
suivantes :

1° Détruire, autant que possible, les oiseaux de proie et les bêtes carnassières, surtout les chats qui s'adonnent à la plaine, et
n'y laisser errer aucun chien depuis le printemps jusqu'à l'automne ; les pies et les sangliers mangent les œufs et en détruisent une
très-grande quantité.

2° Dans le temps de neige, pourvoir à la
nourriture des perdrix avec du blé, de l'orge,
de l'avoine et autres menus grains, et avec
des débris de choux et autres légumes, et disposer cette nourriture sous des buissons arti-
ficiels qui puissent mettre les perdrix à l'abri
des attaques des oiseaux de proie. Les gardes
doivent entretenir ces abris avec soin et placer auprès un ou deux piéges à poteau.

3° S'abstenir de la chasse jusqu'à ce que les
perdrix aient multiplié autant qu'on le désire.

4° Arrivé à ce point, conserver à l'automne
le tiers de chaque compagnie pour la population ; chercher, avant la fin de septembre,
à tuer dans chaque compagnie le vieux
coq, parce qu'il arrive souvent que, vers la
fin de cette saison ou en hiver, il entraîne
les perdrix dans d'autres cantons.

C'est ainsi qu'on parviendra à augmenter ses plaisirs, pourvu que des froids trop rigoureux et des neiges trop prolongées ne viennent pas enlever le fruit des soins qu'on aura pris, ou qu'au printemps un froid humide ou des pluies abondantes ne nuisent pas à la population.

La seule ressource que l'on ait contre ces accidens est de faire acheter souvent fort cher des œufs de perdrix pour les donner à couver à des poules (1). Cependant on peut éviter les chances défavorables d'un hiver rigoureux, en ayant soin de fournir une nourriture suffisante aux perdrix, et en leur ménageant des abris ; ou enfin, en faisant prendre aux filets, vers la fin de l'automne, un nombre de perdrix proportionné à l'étendue du terrain qu'on possède, et les plaçant dans des parquets (comme on le fait pour les faisans, voyez l'article *faisanderie*), pour les soigner convenablement pendant la durée de l'hiver et les lâcher au printemps, par paires, dans les remises et les petits bois ; ou les faire

---

(1) Ce moyen, étant le moins bon, ne doit être employé qu'à la dernière extrémité.

pondre dans les mêmes parquets pour faire ensuite couver leurs œufs; mais ce dernier moyen est très-incertain.

Sous un climat plus froid que le nôtre, on conservera les perdrix de chaque compagnie prise aux filets dans une cage particulière préparée à cet effet, et cela pour éviter les combats presque continuels que se livrent les perdrix de différentes compagnies que l'on a renfermées ensemble.

Une cage destinée à cet usage doit avoir de dix à douze pieds de long, environ trois pieds de large, et seulement dix pouces de hauteur. On garnit d'un filet le devant et le dessus; et, vers le milieu de cette dernière partie, on pratique une petite porte qui sert à donner la nourriture et l'eau, et à faire en général tout ce qui est nécessaire pour l'entretien de la propreté.

Afin d'éviter que les perdrix se blessent en se frappant la tête, ou en s'efforçant de voler lorsqu'on veut les prendre, on adapte à chacune des extrémités de la cage une planche mobile qu'on peut pousser en avant au moyen d'un manche. Ces planches donnent la facilité de resserrer les perdrix dans la partie de la cage que l'on désire; ainsi rassemblées, leurs mouvemens sont moins libres, et il est beaucoup plus facile de les retirer sans les blesser.

Après avoir réuni le nombre de cages jugé nécessaire, on les place les unes au-dessus des autres autour de la muraille d'une chambre claire et aérée, qu'on a eu la précaution de mettre à l'abri des incursions des ennemis des perdrix par des grillages très-serrés aux fenêtres et par une porte bien close (1). On couvre ensuite le fond inférieur de chaque cage de sable fin de rivière à environ un pouce de hauteur, puis on y place les perdrix auxquelles on donne tous les jours de l'eau fraîche, et alternativement du blé, de l'orge, de l'avoine, et de temps en temps du chou. Après les avoir ainsi soignées durant l'hiver, dès que la température le permet au printemps, on les lâche par paires en différens endroits, soit par un temps de brouillard, soit la nuit.

Ce moyen est préférable à celui de placer les perdrix ensemble et en liberté dans une chambre claire et bien aérée, où l'on dispose

----

(1) On doit compter les rats au nombre des ennemis des perdrix.

à une certaine hauteur une toile très-peu tendue pour servir de plafond, dont on couvre le sol de sable, et dans laquelle on pratique des espèces de petits buissons pour servir de refuge aux perdrix qui s'effraient lorsqu'on entre dans cette chambre.

Si cependant on voulait suivre cette dernière méthode, il faudrait au moins avoir la précaution de faire prendre les perdrix le plus tard possible : c'est le moyen le plus sûr pour éprouver moins de pertes. L'expérience prouve que ces perdrix multiplient davantage au printemps, que si on les avait privées de leur liberté vers la fin d'août ou au commencement de septembre. On peut dire que généralement on sera plus sûr de réussir en tenant ces oiseaux à l'air dans des parquets, ainsi qu'on le pratique dans les faisanderies royales, en multipliant les abris, ou établissant contre le mur du parquet un auvent en chaume pour les garantir de la neige.

Dans le cas où l'on manquerait de perdrix à l'automne, il faudrait s'en procurer plusieurs paires des cantons voisins, et les soigner jusqu'au printemps comme nous venons de l'indiquer.

Les procédés à suivre pour faire couver les

œufs de perdrix par les poules domestiques,
étant à peu près les mêmes que ceux que l'on
emploie dans les faisanderies, nous renvoyons
à cet article.

§ X. *Du Coq de bruyère, du petit Coq de bruyère et de la Gelinotte.*

Entreprendre de peupler un canton de ces
trois espèces d'oiseaux serait, suivant toutes
les probabilités, prendre une peine inutile.
L'essai qu'a fait le maréchal de Saxe à Cham-
bord, appuie cette assertion à l'égard des coqs
de bruyère.

On ne peut que se borner à les ménager
beaucoup, lorsqu'il en existe dans un canton
et qu'on désire les voir multiplier. Il faut
éviter que ces oiseaux très-sauvages éprouvent
le moindre dérangement, surtout dans le
temps des amours et de la ponte ; veiller à la
destruction des bêtes nuisibles et des oiseaux de proie qui en sont très-friands ; enfin
s'abstenir de les chasser pendant quelques années, et, quand on croira pouvoir se livrer
à ce plaisir, ne tirer que la moitié des coqs
qui se présenteront, et jamais de poules.

§ XI. *Du Canard sauvage.*

Quoique les canards soient des oiseaux de passage, et qu'on ne voie guère que les femelles se fixer dans un endroit jusqu'à ce que leurs petits aient acquis assez de force pour les suivre dans leurs voyages, il y a cependant un moyen d'élever au moins des canards à demi-sauvages. Il faut, pour cela, avoir à sa disposition un étang ou un lac d'une certaine étendue, situé dans un endroit solitaire peu fréquenté et couvert en partie de roseaux. On se procure alors une certaine quantité d'œufs de canes sauvages qu'on donne à couver à des canes domestiques.

Lorsque les œufs sont éclos, on traite les petits comme des cannetons privés. Ainsi, on leur donne la même nourriture, et on les conduit tous les jours à un petit réservoir ou canal voisin, et tous les soirs on les ramène avec la mère à la maison. Quand les halbrans sont parvenus à moitié de leur grosseur, on leur coupe d'un côté le fouet de l'aile, afin de leur ôter la possibilité de s'envoler.

On continue à les traiter de la même manière jusqu'au printemps suivant ; alors, aussitôt que l'on s'aperçoit qu'ils sont disposés à s'accoupler, on les transporte par paire à l'étang destiné à devenir leur demeure. Il faut auparavant pratiquer, soit sur le bord de l'étang parmi les roseaux, soit, ce qui est préférable, dans une île, lorsqu'il en existe, plusieurs abris longs de six pieds, larges de quatre et hauts de trois, qu'on couvre à plat avec des roseaux et dont tous les côtés restent ouverts. C'est sous ces abris qu'on porte tous les jours un peu de nourriture aux élèves, et qu'ils trouvent un refuge contre les poursuites des oiseaux de proie.

En ayant soin de protéger ces élèves contre leurs ennemis, ils pondent bientôt et donnent naissance à une génération qui ne le cède en rien aux canards sauvages. Si ces jeunes, après avoir pris tout leur accroissement, s'envolent, soit de leur propre mouvement, soit parce qu'ils auraient été effrayés, on ne doit pas craindre pour cela qu'ils abandonnent pour toujours leur lieu natal. Ils reviennent au contraire le visiter souvent, et quelquefois ils amènent des canards étrangers.

Mais comme les canes démontées, dont on s'est servi pour fonder la colonie, deviennent tout-à-fait sauvages, autant par leur nouvelle manière de vivre que par les coups de fusil souvent répétés, et qu'alors il serait très-difficile de les prendre vivantes pour les nourrir à la maison lorsque l'étang viendrait à geler, on a la précaution , pour éviter une dépopulation successive, de faire ramasser, chaque année, pendant le temps de la ponte, une certaine quantité d'œufs que l'on donne à couver à des canes domestiques; et l'on traite les petits qui en résultent, comme on l'a dit ci-dessus.

Il faut observer, en enlevant les œufs dans les nids des canes sauvages, d'en laisser toujours quelques-uns, pour ne pas les empêcher de couver.

§ **XII.** *Aperçu de la proportion à laquelle il convient de restreindre la population du gibier en liberté, si l'on veut qu'il ne devienne pas trop préjudiciable à l'économie rurale et forestière.*

Les considérations qui pourraient amener à la solution de cette question sortent tout-à-fait de notre domaine, et méritent d'ailleurs toute l'attention des meilleurs agronomes. Nous nous garderons donc d'émettre notre opinion particulière, et nous nous contenterons d'indiquer les résultats que l'expérience a présentés comme étant les plus convenables, et que nous n'offrons néanmoins que comme des données générales et susceptibles de modifications plus ou moins grandes, suivant la situation des terres, leur fécondité et les sacrifices que le propriétaire est disposé à faire pour étendre ses plaisirs.

Si le territoire est couvert de forêts sans intervalles de terres cultivées, et si ces forêts sont assez étendues pour qu'on n'ait pas à craindre que le gros gibier atteigne la plaine, on peut y laisser subsister au printemps, sans craindre de dommage sensible, sur huit cents arpens de forêts en diamètre, savoir :

Dans les bois de chênes et de hêtres, convenablement pourvus de prairies intérieures ou riches en herbes, huit cerfs ou daims, huit chevreuils et six sangliers ;

Dans les forêts de pins et autres bois semblables, six cerfs ou daims, six chevreuils et trois sangliers.

Mais si les forêts, quoique d'une étendue de plusieurs milliers d'arpens, sont contiguës à des terres cultivées, ces proportions doivent diminuer, et l'on devra se borner, dans le premier cas, à quatre cerfs ou daims, huit chevreuils et deux sangliers pour la même étendue ; et, dans le second cas, à trois cerfs ou daims, six chevreuils et un sanglier.

Si les forêts situées au milieu de terres cultivées étaient encore fréquemment entrecoupées de ces mêmes terres, à peine devrait-on, sur huit cents arpens de bois, entretenir dans le premier cas deux cerfs ou daims et huit chevreuils, et dans le second deux cerfs ou daims et six chevreuils. Les sangliers doivent en être entièrement bannis.

Cette population calculée au printemps, et indépendante de l'accroissement annuel, est tout ce que l'espace indiqué peut comporter ; encore est-il nécessaire de chercher à éloigner le gibier des premiers bourgeons des coupes, en ayant soin d'entretenir en bon état les prairies intérieures, et de le nourrir convenablement pendant l'hiver, pour éviter qu'il n'endommage les jeunes tailles. Enfin, si l'on s'apercevait qu'au printemps et en été il s'adonnât à la plaine, il faudrait chercher à l'en éloigner au moyen de surveillans apostés exprès.

Si, malgré ces observations, on voulait entretenir davantage de gros gibier, les dommages, tant dans le bois que sur les terres, deviendraient considérables ; et, pour les éviter, on n'aurait pas d'autre moyen que d'enclorre les terres et les jeunes tailles, et de multiplier les gardiens, ce qui entraînerait dans des dépenses énormes.

Nous observerons encore que les lièvres en trop grand nombre font des dégâts sensibles, dans les terres ensemencées, aux jeunes arbres fruitiers et aux vignes, et qu'il en est de même du gibier à plumes. Le coq de bruyère mange en hiver les bourgeons des jeunes pins ; les faisans et les perdrix nuisent aussi aux récoltes, en déterrant la semence et en mangeant dans l'été les épis mûrs; mais ces dommages ne sont dans aucun cas à comparer à ceux que causent le gros gibier, et surtout le sanglier.

SECTION II.

DE LA PROPAGATION DU GIBIER DANS LES PARCS.

§ Ier. *Des Parcs en général.*

Un parc, en termes de chasse, est un espace plus ou moins étendu, clos et destiné à la propagation et à la conservation d'une ou plusieurs espèces de gibier.

Les différentes espèces de gibier que l'on élève ordinairement dans les parcs, soit ensemble, soit séparément, sont le cerf, le daim, le chevreuil, le sanglier, le lièvre et le faisan. On peut trouver presque partout des endroits favorables à la propagation du gibier à poil; il n'en est pas de même des faisans (1).

On peut donc, lorsque l'on a un parc d'une certaine étendue, y réunir les différentes espèces de gibier que nous venons d'indiquer, en observant toutefois que les sangliers doivent en être exclus, parce qu'on les voit souvent bouleverser les meilleurs pâturages, et même dévorer les faons et les levrauts, ainsi que les œufs de perdrix et de faisans : il est donc convenable de leur consacrer un parc particulier, ou de les renfermer dans une enceinte du grand parc, d'où l'on ne fait sortir que ceux que l'on se propose de chasser.

Si l'on ne veut qu'une seule espèce de gi-

______

(1) *Voyez* ce que nous disons des faisanderies.

bier, on se basera sur la nécessité de choisir celle dont les inclinations naturelles pourront être satisfaites dans le séjour qu'on lui destine, et l'on observera surtout que le daim réussit mieux que tous les autres dans un espace resserré, tandis que le chevreuil est celui auquel cela convient le moins.

Pour proportionner l'étendue d'un parc où l'on veut réunir cerfs, daims, chevreuils et lièvres, à la quantité qu'on veut entretenir de ces animaux, ou pour proportionner le nombre des bêtes à mettre dans un parc à son étendue, on peut prendre pour base les données ci-dessous, en observant que nous supposons que l'on n'a pas l'intention de nourrir le gibier dans toutes les saisons, mais seulement de venir à son secours pendant l'hiver ; que le parc renferme des taillis de différens âges, beaucoup de grands chênes et de grands hêtres ; que les taillis sont entrecoupés de clairières ; que le sol est bon ; et qu'enfin il s'y trouve une prairie d'une certaine étendue.

Tout cela admis, il faudra calculer,

Par tête de cerf, 5 arpens de bois et $1/12^e$ d'arpent de prairie.

Par tête de daim, 3 arpens de bois et 1/25 d'arpent de prairie.

Par tête de chevreuil, 2 arpens 1/2 de bois et 1/35 d'arpent de prairie.

On ne parle pas des lièvres; car, à moins que la saison ne soit excessivement rigoureuse, ils trouvent toujours à se nourrir dans les bois.

Si le parc contenait beaucoup de pins, comme il croît peu d'herbes sous cette espèce d'arbres, il faudrait ajouter un tiers en sus au calcul ci-dessus.

Une fois un parc peuplé suivant son étendue, on devra, pour déterminer le nombre de bêtes à tuer par an, afin que la population se conserve toujours la même, compter sur l'accroissement que nous allons indiquer, et qui approche autant que possible de la réalité.

Sur 3 cerfs. . . . 1 d'accroissement.
Sur 2 daims. . . 1   *idem.*
Sur 5 chevreuils. 3   *idem.*
Sur 2 lièvres. . . 8   *idem.*

Il résulte de ces données qu'ayant un parc d'une contenance de seize cents arpens de bois et vingt-trois de prairies, on peut y entretenir une population de cent cinquante cerfs, deux cents daims, cent chevreuils et deux cent cinquante lièvres (1). Cette population, étant effective au printemps, permettra de chasser et tuer dans l'année cinquante cerfs, cent daims, soixante chevreuils et mille lièvres, et sera encore à peu près la même au printemps suivant; et, pour qu'elle varie peu, il faut chasser toujours de préférence les vieilles bêtes et les mâles, et maintenir ceux-ci, à l'égard de leurs femelles, dans la proportion indiquée première section. Quant aux lièvres, il faut toujours compter un nombre égal de bouquins et de hazes, attendu qu'il est difficile de les distinguer en chasse, et qu'on tue autant des uns que des autres, à moins qu'on ne fasse ébouquiner, comme nous l'avons dit page 19.

L'avantage qu'offre un parc de cette étendue et peuplé comme nous l'avons dit, est que le gibier y conserve son naturel sauvage; ce qui fait que la chasse offre autant de plaisirs que s'il était en liberté, et que les frais de nourriture se réduisent à peu de chose, même pendant l'hiver. Au lieu que si le parc

---

(1) Dans le domaine de la couronne, on compte 4 arpens par tête de gros gibier.

a peu d'étendue, ou s'il est trop peuplé, le gibier y est toujours maigre, les frais de nourriture augmentent considérablement, et les animaux y étant pour ainsi dire entassés, deviennent à demi-privés, et leur chasse n'offre plus le même attrait. Un autre inconvénient résulte encore du trop grand nombre de gibier dans un même parc, c'est qu'il est exposé à des maladies qui en détruisent beaucoup. Quand le chevreuil, par exemple, est dans ce cas, il est souvent attaqué par une maladie vulgairement appelée le *claveau*, à laquelle il succombe en deux jours.

Lorsqu'il s'agit d'établir un parc, il faut, autant que les localités le permettent, observer de le placer à proximité des bâtimens d'habitation, ce qui en rend la surveillance plus facile; de tâcher d'y enclorre quelques collines à l'exposition du midi; d'y établir un étang assez vaste, s'il ne s'y trouve pas d'eau naturelle; d'y comprendre d'autant plus de prairies et de terres à culture qu'il y aura moins de clairières, ou que l'herbe y croîtra moins abondamment; que les arbres soient d'une nature variée, et qu'il y ait surtout des chênes à glands en rapport, des hêtres et des coupes de bois de différens âges;

que les coupes soient réglées de manière à ne nécessiter des travaux que de dix ans en dix ans (1). Enfin il y faut établir des chemins qui facilitent la communication dans toutes les parties, et dont les principaux puissent servir de points de vue à l'habitation.

La clôture d'un parc mérite une attention particulière ; elle doit être telle que le gibier qui s'y trouve renfermé ne puisse en sortir ; et s'il en existe au-dehors qu'on veuille attirer dans le parc, il faut disposer des parties de la clôture de manière à lui en faciliter l'entrée sans lui laisser la possibilité de sortir.

Les moyens de clôture sont les murs en pierre, ceux en pisé et les palissades ; les haies vives ne sont jamais assez hautes ni assez fourrées sur tous les points pour clorre convenablement ; quant aux fossés, outre les éboulemens, ils se remplissent l'hiver de neiges ou des eaux pluviales qui, venant à geler, offrent un passage facile.

Les murs de pierres ou de briques seraient certainement la clôture la plus durable et la plus solide ; mais c'est aussi celle qui coûte le

---

(1) Ce qui n'empêche pas d'ébrancher à l'approche de l'hiver pour fournir un aliment aux animaux.

plus : il faut donc choisir entre le mur de pisé et les palissades. Nous conseillerons ces dernières partout où le bois ne sera pas trop cher.

La hauteur à donner aux clôtures est de neuf pieds pour les cerfs, huit pieds pour les daims, et sept pieds pour les chevreuils et sangliers. Il est bon d'observer pour ces derniers que, si on enclôt leur parc au moyen de palissades, elles doivent être serrées l'une contre l'autre, et enterrées d'un pied et demi à deux pieds, pour qu'ils ne puissent pas se frayer un passage en dessous. Les palissades des parcs où l'on nourrit des lièvres doivent être pleines jusqu'à la hauteur de cinq pieds : encore voit-on des lièvres grimper jusque-là et s'échapper. Autrement on pourrait laisser des intervalles de trois à quatre pouces entre les ais, lorsqu'il ne s'agit que de retenir le gros gibier, excepté le sanglier, comme nous venons de le dire.

Nous devons ajouter que plus le parc aura d'étendue, et plus sa figure approchera de celle du carré, moins on aura proportionnellement de frais de clôture. En effet, si le terrain qu'on veut enclorre forme un carré de cent perches sur chaque face, il faudra faire une clôture de quatre cents perches, et l'on aura un parc de cent arpens; en supposant que les frais de clôture soient de vingt francs pour chaque perche, la dépense sera de quatre vingts francs pour chaque arpent. Si, au contraire, chaque face du carré a quatre cents perches, l'enclos contiendra seize cents arpens; la clôture ne comprendra que seize cents perches, ce qui produira vingt francs de dépense pour chaque arpent. On conçoit aussi l'importance de ne pas tracer le plan de son parc de manière à ce qu'une route publique puisse en interrompre la clôture.

Les dispositions faites à une portion de la clôture, pour que les bêtes fauves du dehors puissent la franchir, se nomment *escarpe-mens*. Elles ne sont nécessaires que lorsqu'il se trouve, dans le voisinage du parc, des animaux qu'on veut y attirer. Voici comment on les construit :

On élève un mur solide, de la même hauteur que la clôture qui le joint à gauche et à droite, sur une longueur de 15 à 16 pieds. Ce mur sert de soulénement à une espèce de glacis en terre, qui descend en pente douce vers la campagne ou la forêt extérieure; on plante sur le glacis des broussailles et des arbustes.

On choisit, pour établir ce glacis, un endroit d'où les animaux étrangers puissent voir paître ceux de l'intérieur; et pour cela on a soin de tenir cette partie du parc bien cultivée. A huit pieds de distance du mur intérieurement, on élève un petit tertre en pente douce, à la hauteur de trois pieds, afin que les bêtes ne se blessent pas en sautant. A l'époque du rut particulièrement, beaucoup de cerfs, de daims et de chevreuils mâles du voisinage entreront dans le parc, et parfois même des biches prendront le même chemin. Une telle disposition n'est d'ailleurs convenable que pour un parc où l'on entretient plusieurs espèces de gibier à poil.

Le nombre des portes bâtardes et charretières doit se régler sur les besoins du service et de l'exploitation. Elles doivent toutes ouvrir sur l'intérieur, et les pentures être disposées de façon à ce qu'elles se referment d'elles-mêmes.

Tous les chemins que l'on établit dans un parc doivent avoir une largeur proportionnée au but que l'on se propose. Il est essentiel que les principaux soient en ligne droite, ce qui donne un coup d'œil plus agréable, facilite les communications, et permet mieux d'observer le gibier.

On établit encore assez souvent dans difféférens endroits du parc quelques estrades ou belvéders que l'on cache autant que possible pour qu'ils n'inquiètent pas le gibier. On dispose des chemins couverts pour s'y rendre, et de là on peut l'observer, lorsqu'il fréquente les gagnages à portée de ces belvéders. On peut aussi parfois s'amuser à tirer de là quelques pièces de gibier.

Lorsque l'établissement d'un parc est achevé, on le peuple de gibier; et pour cela, s'il y en a dans le voisinage, on l'y fait entrer au moyen de battues faites à force d'hommes qui le poussent vers l'entrée principale du parc; mais s'il n'y en a pas dans le voisinage, il faut les prendre dans les toiles. (*Voyez* la section 3.)

On sait que le gibier réussit d'autant mieux, qu'il trouve une nourriture abondante et variée. Nous avons dit précédemment qu'il était nécessaire de comprendre dans le parc quelques prairies et terres cultivées, et de veiller à ce qu'il s'y trouve des arbres à fruit. Dans la belle saison, le gibier se nourrit des herbes qui croissent naturellement dans les bois, et de celles des prairies, dont on peut favoriser l'accroissement en répandant des cendres dessus. Mais dans l'hiver, il faut pourvoir à sa subsistance, comme nous le dirons tout-à-l'heure. Il est bien que les terres cultivées soient près des clôtures, afin de pouvoir les enclorre de haies mobiles qui empêchent le gibier d'y viander, tant que les grains que l'on y a semés ne sont pas au point convenable, ou que les besoins ne l'exigent pas. On sème ces terres avec du seigle, de l'avoine, des pois, de la vesce, du sarrasin, du trèfle, des navets, etc.

Les arbres à fruits étant très-essentiels, il faut entourer ceux qui existent pour les protéger contre la dent du gibier; et s'ils étaient trop rares, il faudrait en faire planter dans les clairières et les gagnages. Les arbres à fruits sauvages que l'on emploie de préférence, sont les poiriers, pommiers, châtaigniers, et chênes à glands.

Il est de la plus grande importance que le gibier trouve de l'eau pure et salubre en abondance. Il est rare que quelque ruisseau n'arrose pas un parc d'une certaine étendue; cependant, quand cela n'est pas, il faut y suppléer par des étangs. S'il n'existait pas d'endroits marécageux, et que le parc contînt des cerfs ou des sangliers, il faudrait en pratiquer sur le bord de l'eau.

Enfin on établit plusieurs pains salés. Le cerf, le daim et le chevreuil aiment beaucoup le sel, et son usage contribue à leur santé. L'endroit le plus propice pour placer un pain salé, est une petite prairie ou une clairière bien fournie de bonne herbe; au milieu d'une de ces places, on fixe un châssis carré de trois à quatre pieds de face sur quinze à dix-huit pouces d'élévation. On le construit, soit avec des morceaux de chêne en grume fendus et placés de manière que l'écorce soit en dehors, soit avec planches épaisses; on peut aussi lui donner la forme d'un gros tronc d'arbre pourri.

On prend ensuite de la terre glaise bien douce et passée au crible; on l'humecte un peu, et l'on en met une couche de quatre pouces d'épaisseur dans le châssis; par dessus on répand une couche de sel d'un pouce qu'on recouvre de terre glaise; on presse bien le tout ensemble, et on continue ainsi jusqu'à ce que le châssis soit plein de manière à former un monceau en dessus. On presse ce

monceau

monceau le plus possible, et on le saupoudre de sel, ce qui termine l'opération. Pour avoir, au besoin, plus facilement connaissance de l'espèce de bêtes qui fréquentent le pain salé, on laisse le terrain nu à quelque distance à l'entour, et on en efface les voies chaque fois qu'on le visite.

On renouvelle ordinairement les pains salés au mois de mars, quand le temps est beau, et même dans les mois de juin et juillet, si l'on remarque que les châssis se vident. En hiver, le gibier n'en fait aucun usage.

Il faut, à l'avance, et dans la saison la plus favorable, s'approvisionner de ce qui est nécessaire pour la nourriture d'hiver. Celle qui convient mieux aux cerfs et aux daims, est le foin, le regain de luzerne et la ramée. Tant qu'il ne gèle pas, on peut donner aussi des fruits sauvages, des glands, des châtaignes et des pommes de terre.

On donne de préférence aux chevreuils des gerbes d'avoine non battues mêlées d'un peu de trèfle, de la ramée (1) et des glands. La ramée de branches de chêne-rouvre est celle

____

(1) Pour faire de la ramée, on fait couper, au mois d'août, des menues branches de 3 à 5 pieds de lon-

qu'ils préfèrent ; si l'on n'en avait pas provision, il faudrait de temps en temps leur abattre des branches dont le feuillage reste vert.

On nourrit le sanglier, par un temps doux, avec du gland, de la faîne, des fruits sauvages, des pommes de terre et des carottes ; et quand il gèle, ou qu'on n'a rien de plus économique, avec des pois, des fèves, de l'avoine, du malt ou toute autre espèce de grain. On a observé qu'il y avait des sangliers qui refusaient toute autre nourriture que le gland ; il faut donc avoir soin d'examiner s'ils touchent à celle qu'on leur donne, lorsqu'elle se compose des substances indiquées ci-dessus et autres que le gland.

Le lièvre se nourrit de bon foin et de résidus de choux qu'on dépose dans une enceinte fermée et où il n'y a d'ouverture que pour le passage de ces animaux.

Il est sans doute bien difficile de préciser la quantité de nourriture d'hiver nécessaire,

---

gueur ; on les lie en petites bottes, et on fait sécher les feuilles le plus promptement possible. On la conserve dans un endroit sec pour la donner au besoin pendant l'hiver.

puisque cela dépend de la nature du bois, du terrain et du plus ou moins d'abondance de la neige. Cependant nous allons essayer de donner approximativement l'évaluation de ce que chaque animal peut consommer pendant l'hiver.

Un cerf peut consommer 300 livres de foin et 50 bottes de ramée, ou, sans ramée, 500 livres de foin.

Un daim, 150 livres de foin et 25 bottes de ramée, ou, sans ramée, 250 livres de foin.

Un chevreuil, 25 livres de foin, 10 bottes de ramée et 5 bottes d'avoine non battue, ou, à défaut de ramée, 10 bottes d'avoine.

On ajoute pour les lièvres quelques charretées de tiges de choux avec les racines, et, en cas de nécessité, quelques cents de foin, ce qui doit arriver rarement cependant, car ils trouvent à se nourrir des restes du gros gibier.

On dépose la nourriture dans des endroits à l'abri du vent, et disposés de manière à ce que les animaux puissent y jouir des rayons du soleil, et qu'ils ne soient pas obligés de s'y disputer la place.

On construit même pour les cerfs et les daims des abris particuliers. On leur donne trente pieds de long et vingt de large. L'étage inférieur est élevé de neuf pieds, et formé par six ou huit poteaux qui soutiennent l'étage supérieur haut de huit pieds, et le toit. Cet étage supérieur peut être clos en planches, ou, pour plus d'économie, en paillassons; il est destiné à recevoir le fourrage. On garnit le rez-de-chaussée, qui reste ouvert, de rateliers pour y mettre le fourrage. Chaque poteau peut aussi être armé de quatre chevilles auxquelles on suspend autant de bottes de ramée dont l'un des bouts touche à terre.

Outre cela, on plante encore en différens endroits convenables, et notamment sur le penchant des coteaux et collines exposés au sud, plusieurs pieux de chêne fourchus à trois dents formant le triangle. Ces pieux sont élevés de terre d'environ trois pieds, et on y attache, pendant les temps secs, des bottes de foin (1) ou de ramée, ce qui plaît plus aux animaux que les abris dont nous venons de parler.

----

(1) Pour faire ces bottes, on forme une pelote de foin d'un pied de diamètre, fortement serrée en croix avec des osiers; on en met autant par-dessus, et on lie de même; on évite ainsi qu'une partie du foin soit foulée aux pieds.

Comme les chevreuils ne se rendent pas volontiers sous les abris, on peut planter pour eux quelques poteaux que l'on abrite par des branchages ou des joncs soutenus par quatre perches à huit pieds de hauteur.

Les agens chargés de la conservation des chasses dans les forêts du domaine royal, se sont dispensés de faire établir des abris et des rateliers, parce qu'ils ont reconnu que c'était exposer les animaux à se battre et à se blesser dangereusement. Ils se contentent de faire distribuer les fourrages en autant de places qu'il y a d'animaux, sur des fourches ou des cepées, et pendant les grands froids ils font faire çà et là des litières de fumier et de paille d'avoine.

Il n'est pas moins essentiel de faire des dispositions pour que les fruits, les glands, châtaignes, etc., qu'on aura amassés, et qu'on conservera à l'abri de la gelée, ne soient pas foulés aux pieds quand on les distribuera aux animaux. Pour cela, on pose, en différens endroits, sur des piquets plantés en X, deux planches qui forment une auge dans laquelle on dépose cette nourriture, à des heures fixes, ce qui habitue les animaux à connaître l'instant de leur repas.

Si ces auges étaient destinées à recevoir la nourriture pour les sangliers, il faudrait les fixer solidement en terre, pour que ces animaux ne les détruisent pas. Mais on peut se dispenser de ce soin, car il suffit pour eux de déposer la nourriture en petits tas, de distance en distance, afin que les plus forts n'éloignent pas les plus faibles. Il faut seulement nettoyer la place où on met la nourriture.

Il faut avoir soin, pendant les gelées, de faire casser la glace sur les bords des étangs ou ruisseaux, afin que les animaux renfermés dans le parc puissent trouver à boire.

Le défaut de nourriture a souvent fait dépérir les plus belles chasses en très-peu de temps. C'est principalement dans l'hiver que cet accident est à craindre ; et il est aisé de s'en apercevoir. Lorsque les animaux les plus sauvages ne fuient pas, comme à l'ordinaire, à l'approche de l'homme, et lorsqu'ils cherchent leur nourriture à des heures inaccoutumées, il faut se hâter de les secourir. La négligence à cet égard peut causer la mort de la majeure partie, et ceux qui résistent périssent pour l'ordinaire au printemps, par les maladies que leur cause le passage subit de la disette à l'abondance. Il faut encore observer, qu'outre la perte du gibier, le manque de nourriture peut occasioner de grands dommages dans les bois, parce que les animaux s'adonnent à ronger l'écorce des jeunes arbres et les pousses de l'année.

§ II. *Des Parcs destinés à une seule espèce de gibier.*

Tout ce que nous venons de dire sur les parcs, où l'on entretient à la fois plusieurs espèces de gros gibier, peut s'appliquer à l'établissement d'un parc destiné à ne contenir qu'une seule espèce.

Nous observerons seulement que, comme ces parcs sont ordinairement peuplés au-delà des proportions indiquées précédemment, il faut pourvoir toute l'année à la nourriture du gibier. Il en résulte donc que l'entretien est plus coûteux, et que le plaisir de la chasse est presque nul, ces parcs étant ordinairement trop circonscrits. Voici les proportions les plus approchantes de la réalité, sur lesquelles on doit se baser pour la subsistance des animaux.

Pour chaque cerf ou biche :

Pendant 6 mois d'été, 50 à 75 livres d'avoine et 300 à 500 livres de foin.

Pendant 6 mois d'hiver, 75 à 100 livres d'avoine et 500 à 700 livres de foin.

Total pour l'année : 125 à 175 livres d'avoine et 800 à 1200 livres de foin.

Pour chaque daim :

Pendant six mois d'été, 30 à 40 livres d'avoine et 180 à 250 livres de foin.

Pendant six mois d'hiver, 40 à 60 livres d'avoine et 280 à 350 livres de foin.

Total pour l'année : 70 à 100 livres d'avoine et 460 à 600 livres de foin.

Pour chaque chevreuil :

Pendant six mois d'été, 15 à 20 livres d'avoine et 90 à 120 livres de foin.

Pendant six mois d'hiver, 20 à 25 livres d'avoine et 140 à 175 livres de foin.

Total pour l'année : 35 à 45 livres d'avoine et 230 à 295 livres de foin.

Il est bon néanmoins d'observer que le chevreuil, préférant une nourriture naturelle, mange souvent peu de ce qu'on lui donne, ce qui rend très-éventuelle l'estimation que nous venons de faire.

Il faut dire encore que cette proportion est susceptible de diminution, suivant les ressources que peuvent offrir les localités, et en raison de ce que la population serait au-dessous de celle que pourrait comporter l'étendue du parc.

§ III. *Des Parcs particuliers pour les sangliers.*

Nous avons dit que les sangliers en liberté causent des dommages considérables à l'économie rurale, et qu'il n'est pas avantageux non plus de les laisser vivre en commun dans un parc avec d'autres animaux. Il faut donc, si l'on désire en élever, sans avoir à craindre les inconvéniens que l'on a signalés, leur destiner une enceinte particulière.

Si l'on n'était pas dans l'intention de les nourrir toute l'année, l'enceinte devrait avoir une assez grande étendue, parce que, si l'on excepte le temps où cet animal trouve des fruits et de la glandée, il a besoin de beaucoup d'espace pour y déterrer ou chercher sa nourriture (1). Il paraîtrait donc plus convenable de nourrir les sangliers toute l'année dans une enceinte de dix à vingt arpens, et de ne faire sortir, pour passer dans le grand parc, que ceux que l'on se propose de chasser. En établissant l'enceinte, qui peut être formée de fortes palissades jointes ensemble sans intervalles, de la hauteur indiquée précédemment, on la dispose de manière à ce que la clôture du grand parc en forme un des côtés, ce qui diminue d'autant la dépense. On choisit de préférence un canton bien fourni d'arbres à fruits, et surtout de chênes, offrant beaucoup de fourrés, des noisetiers, et quelques arbres verts. Il devra s'y trouver des bas-fonds marécageux couverts de bois, et de l'eau en quantité convenable. On y pratiquera des allées, et il serait bon d'adosser à l'enceinte une maisonnette dont le rez-de-chaussée et la cave seraient destinés à la conservation de la provision des sangliers, et dont l'étage supérieur formerait un belvéder d'où l'on pourrait voir et même tirer ces

---

(1) Dans ce cas, un sanglier par 10 arpens serait tout ce qu'il faudrait.

animaux au moment où ils viendraient prendre la nourriture qu'on leur distribue deux fois par jour (1).

Pour faire sortir de cette enceinte les sangliers qu'on voudra lancer dans le grand parc, ou qu'on aura dessein de prendre pour les transporter ailleurs, on établira, à l'un des angles de la clôture commune aux deux parcs, dans un endroit découvert, une enceinte particulière fermée avec des palissades, à l'exception d'une porte de cinq pieds de large. Cette porte devra être attenante à la clôture du parc des sangliers ; et on placera auprès une guérite, d'où on pourra, au moyen d'un ressort, la fermer à volonté. Outre cela, on pratiquera, dans la partie de la clôture qui communiquera avec le grand parc, trois ou quatre ouvertures à coulisse, larges de deux pieds et demi, et hautes de trois pieds et demi qu'on pourra ouvrir ou fermer à volonté, en levant ou laissant tomber la trappe dont elles

---

(1) On conseille de jeter de temps en temps, dans ce même endroit, quelques morceaux de chair de chevaux ou d'autres animaux. Cette chair, dont ils sont friands, les nourrit bien, et contribue à leur rendre leur séjour agréable.

seront garnies. Enfin on se précautionnera d'un certain nombre de caisses faites en forts madriers de chêne de même hauteur et largeur que les ouvertures, et longues de sept à huit pieds. Les deux petits côtés de ces caisses seront fermés par des trappes formées avec d'assez forts barreaux de fer à la distance de trois pouces l'un de l'autre. On ménagera aussi, dans les grands côtés, des ouvertures garnies de barreaux semblables.

Ces dispositions faites, on donnera tous les jours la nourriture aux sangliers dans la petite enceinte ; et, quand on voudra en prendre quelques-uns, ou les faire passer dans le grand parc, on placera les caisses à l'entrée des ouvertures, on les y fixera solidement ; puis on levera les trappes, tant de la caisse que de l'ouverture pratiquée dans la palissade. Aussitôt que le garde placé dans la guérite aura vu entrer dans la petite enceinte quelques-uns des sangliers de la force et du sexe qui lui auront été indiqués, il fermera la grande porte ; puis il fera du bruit pour effrayer ces animaux qui, apercevant les ouvertures et le jour dans la palissade, viendront s'y précipiter. Aussitôt les personnes apostées près des caisses, et qui s'y tiendront sans faire le moindre mouvement, en laisseront tomber les grilles intérieures. On examinera alors, par les ouvertures des côtés, si l'animal est tel qu'on le désire; et s'il est destiné à passer dans le grand parc, on levera la grille de la caisse de ce côté, en se plaçant de manière à ne pas se trouver sur son chemin, et il se hâtera de sortir et de s'éloigner. Si l'animal doit être transporté, après avoir refermé la trappe de la palissade, et l'avoir bien assujettie, ainsi que celle en fer de la caisse, on pourra enlever cette caisse sans aucun danger. Si, au contraire, le sanglier entré dans une des caisses ne convient pas, on le fera rétrograder.

Cette méthode de prendre ainsi les sangliers n'est pas en usage partout, peut-être parce qu'elle est dispendieuse. On peut arriver au même but, en affamant ces animaux, et les attirant ensuite par des amorces en grains ou en chair dans une enceinte en palissade, ou seulement entourée de toiles, où on les prend ensuite avec des panneaux pour les transporter où l'on veut.

Quoiqu'on puisse entretenir de soixante à cent sangliers dans une enceinte de l'étendue indiquée plus haut, il vaudrait mieux cependant, tant pour ces animaux que sous le rapport de l'économie, ne compter qu'une tête par arpent.

On peut calculer l'accroissement de la population à raison de cinq marcassins par laie; ainsi, pour éviter une trop grande multiplication, on pourra retirer chaque année de l'enceinte les jeunes laies de l'année qui excéderont le nombre qu'on désirera conserver. Cette opération devra avoir lieu vers l'automne. On n'en usera pas de même à l'égard des mâles destinés à être chassés. On peut, dans ce cas, trouver dans la vente des animaux surabondans une indemnité de la dépense.

Il est inutile d'observer ici que l'entretien d'un semblable établissement est très-coûteux, surtout si l'on ne trouve pas dans l'intérieur du parc et dans les bois voisins des fruits sauvages et des glands que l'on puisse suppléer à une nourriture plus chère. Il faut aussi avoir attention de ne donner aux sangliers, pendant les gelées, que des légumes secs et du grain, parce que les fruits gelés sont malsains et peuvent occasioner des maladies.

L'aperçu suivant indiquera approximativement ce que chaque sanglier peut coûter par an.

Pour un marcassin jusqu'à un an :

Pendant six mois d'été, 90 livres de grains ou légumes secs, ou 60 livres des mêmes et 100 livres de pommes de terre.

Pendant six mois d'hiver, 180 livres de grains, ou seulement 120 livres et 200 livres de pommes de terre.

Pour un sanglier d'un à deux ans :

Pendant six mois d'été, 180 livres de grains, ou seulement 120 livres, et 200 livres de pommes de terre.

Pendant six mois d'hiver, 360 livres de grains, ou seulement 240, et 420 livres de pommes de terre.

Pour tout sanglier en son tiers an et au-dessus :

Pendant six mois d'été, 360 livres de grains, ou seulement 240, et 420 livres de pommes de terre.

Pendant six mois d'hiver, 550 livres de grains, ou seulement 370, et 630 livres de pommes de terre.

La glandée, les fruits sauvages, les légumes que peuvent produire les localités, viennent en déduction de ces quantités.

Ces frais sont sans doute considérables ; mais nous ne pensons pas qu'on puisse les faire entrer en balance avec les pertes que les sangliers en liberté causent infailliblement aux cultivateurs riverains des forêts dans lesquelles on veut en entretenir. Il est d'ailleurs naturel que celui qui désire se procurer le plaisir de chasser ces animaux, supporte seul les frais auxquels ils peuvent donner lieu. C'est à lui de calculer avant tout ce que sa fortune lui permet de faire à cet égard.

§ IV. *Des faisanderies.*

Comme les faisans ne sont en France que des oiseaux exotiques qui s'y acclimatent sans s'y naturaliser (quoique notre propre expérience nous porte à croire qu'ils s'y naturalisent en effet), il arrive souvent qu'une terre ou qu'un parc en est entièrement dépeuplé, soit qu'on les ait chassés sans ménagement, soit qu'un hiver rigoureux les ait fait périr. Il faut les reproduire en quelque sorte, et c'est une entreprise qu'il n'appartient qu'aux personnes riches de tenter, l'établissement d'une faisanderie nécessitant un grand emplacement, et le service continuel d'un nombre de personnes plus ou moins considérable, suivant la quantité de faisans que l'on veut élever.

On appelle faisanderie l'endroit clos dans lequel on élève les faisans. Il faut, autant que possible, y consacrer une partie du parc ou du bois que l'on veut peupler de ce gibier, c'est le plus sûr moyen d'y naturaliser les faisans ; mis très-jeunes dans un canton et accoutumés à revenir de temps en temps chercher leur pâture dans le lieu où ils sont nés, ils s'en écartent rarement ensuite. Les circonstances qui peuvent leur faire abandonner leur séjour, sont assez difficiles à indiquer, et cependant il est constant qu'il existe des parcs, des bois, où, quelques efforts que l'on ait faits, il a été impossible de les retenir. Nous serions tentés de dire que ces oiseaux, qui boivent beaucoup et dépérissent en peu de temps s'ils manquent d'eau limpide, ne doivent pas se plaire dans les terrains arides et sablonneux, si la rapidité avec laquelle ils viennent de se multiplier dans les bois et tirés de S. M. aux environs de Paris, Versailles, Saint-Germain, etc., n'était une preuve du contraire.

Lorsque l'on a fait choix d'un emplacement convenable à l'établissement d'une faisanderie, lequel devra être à l'abri des vents froids et humides qui règnent quelquefois au printemps, et éloigné de plusieurs centaines de pas de toute habitation, on trace l'enceinte à laquelle on donne une étendue plus ou moins vaste, suivant le nombre d'élèves que l'on veut faire. Il y a des faisanderies où l'on élève huit cents faisans sur quatre arpens; cette proportion nous paraît trop forte, et nous sommes fondés à croire qu'on réussira mieux en comptant un arpent pour cent faisans. Cette proportion est celle adoptée, pour les faisanderies royales, par M. le comte de Girardin, premier veneur de la couronne.

Si l'établissement doit être permanent, un mur en pierre est le mode de clôture que l'on doit adopter de préférence, quelque dispendieux qu'il soit d'ailleurs; il faut y ajouter un logement pour le faisandier, une couverie, une pièce pour faire manger les couveuses, un bâtiment d'élèves, un magasin pour conserver les grains et les ustensiles, et des parquets dans la proportion du nombre d'élèves que l'on veut faire (1); dans les faisanderies royales on établit de plus un corps

---

(1) Dans plusieurs faisanderies d'Allemagne, on dispose quelques pièces pour conserver, pendant l'hiver, les faisans destinés pour la ponte.

de garde et une écurie. Mais si l'on n'a pour but que de repeupler une terre de faisans, et de laisser ensuite multiplier en liberté, on peut se borner à former la clôture en planches, ou même établir une forte haie de roseaux.

Dans l'un ou l'autre cas, il faut chercher par tous les moyens possibles à garantir l'intérieur de la faisanderie des incursions des animaux nuisibles : ainsi, le mur élevé de six à huit pieds devra être ravalé avec soin, surtout en dehors ; si la clôture est en planches, les poteaux qui la soutiendront seront plantés à l'intérieur, et les planches non-seulement bien jointes, mais aussi varlopées à l'extérieur, de manière à n'offrir aucune prise pour grimper ; il serait bon même de couronner cette clôture par un auvent en planches incliné et saillant à l'extérieur de six pouces au moins, ce qui rendrait l'escalade impraticable. Quant à la haie de roseaux, on conçoit facilement qu'elle ne présente aux animaux nuisibles qu'un faible obstacle, et que l'on aurait à suppléer à son insuffisance par une surveillance extraordinaire ; aussi pensons-nous qu'on ne doit l'employer que dans le cas où l'on ne craindrait rien à cet égard. Il n'est pas moins utile de pratiquer de distance en distance, dans le bas de la clôture, quelle que soit sa nature, des barbacanes au niveau du sol, et à l'ouverture desquelles on place, dans l'intérieur de l'enceinte, des trébuchets ou des assommoirs pour prendre les petits quadrupèdes qui tenteraient de s'introduire dans la faisanderie, en observant de tendre très-bas, car autrement un faisan pourrait suivre la coulée et se faire prendre. Il faut aussi faire abattre les arbres qui se trouveraient trop près de la clôture, parce qu'ils pourraient faciliter l'entrée aux bêtes nuisibles.

Après avoir clos l'enceinte destinée à l'établissement de la faisanderie, on commence par déterminer la place que doivent occuper les parquets dont l'exposition doit être celle du midi ; on laisse en avant un espace libre assez considérable pour y placer les élèves dans le jeune âge, ainsi que nous le dirons plus loin. On trace en dedans du mur de clôture un sentier d'assommoirs que l'on masque par un fourré de trois pieds de large. On donne à ce sentier environ deux pieds de largeur. C'est là que l'on place les assommoirs, en face des barbacanes et dans tous les endroits suspects. On établit ensuite une plate-bande de gazon de six à sept pieds de large,

puis une route de pourtour de dix-huit pieds,
et enfin une seconde plate-bande de gazon de la
même largeur que la première. On divise le
surplus de l'enceinte en routes parallèles et perpendiculaires aux parquets, pour le placement
des boîtes et du gibier. La largeur de ces routes
doit être de quinze pieds, pour pouvoir contenir avec un intervalle de six pieds, deux
boîtes à faisandeaux l'une devant l'autre. Les
routes perpendiculaires doivent partir des
portes des parquets. On emploie la moitié des
carrés en remises à grains que l'on ensemence,
en alternant, de tous ceux que les faisans recherchent; l'autre moitié est consacrée à des
remises à bois qui doivent s'élever à hauteur
de ceinture, et offrir du couvert aux faisans.
Un dixième environ de ces remises, et pris
au centre, doit être planté de grands arbres
où le gibier puisse se brancher. Enfin, on
sablera quelques allées au moins, s'il n'est
pas possible de les sabler toutes, pour lui procurer un ressui salutaire où il puisse faire ce
qu'on nomme *la poudrette;* moyen qu'il
emploie pour chasser la vermine qui l'incommode. De cette manière, la faisanderie offre
aux élèves du gagnage, du couvert, du ressui
et du brancher.

Si l'on devait planter les remises à bois, on choisirait des arbrisseaux qui portent fruits; tels que l'aubépine, le genévrier, le fusain, le nerprun, le groseiller, le framboisier, la viorne, le sorbier, le cormier, l'alizier, le mûrier sauvage, etc.

Quelques huttes en genêts placées dans les remises à brancher sont nécessaires pour abriter le gibier pendant la rigueur de l'hiver, encore s'y tient-il peu; enfin, on dispose aussi quelques forts buissons factices, où les faisans puissent se réfugier et se soustraire aux poursuites de l'oiseau de proie.

La faisanderie ainsi disposée, il ne reste plus qu'à la peupler. On peut y parvenir, soit en se procurant, du 15 au 30 avril, des œufs de faisans qu'on donne à couver à des poules domestiques (1); soit en rassemblant, dans

____

(1) Il faut n'acheter les œufs qu'avec garantie, et à des personnes connues, autrement on court risque de perdre son argent, car on achète quelquefois des œufs clairs de l'année précédente. A Paris, on achète les œufs de faisans aux oiseleurs, à raison de 12 à 15 fr. la douzaine. C'est une acquisition qu'il ne faut pas faire après le 15 mai, parce qu'alors la ponte est trop vieille et l'incubation trop avancée pour que les œufs réussissent.

les premiers jours de février, un certain nombre de poules faisanes et autant de coqs qu'il en faut, pour que chacun ait cinq à sept poules (1), et les plaçant dans des parquets; soit enfin, comme cela se pratique dans les faisanderies royales, en entretenant, une partie de l'année, dans les parquets, ces poules et ces coqs pour en recueillir la ponte au printemps. Ce dernier procédé étant le plus sûr, nous allons entrer dans les détails qui y sont relatifs.

Les parquets sont destinés à la ponte; leur dimension est plus ou moins grande; on les établit dans l'emplacement que l'on a choisi, en les adossant au mur de clôture qui les garantit du vent du nord, et conserve la chaleur. On les place à côté les uns des autres; on donne à chacun de quinze à vingt pieds carrés (2), on les entoure d'un treillage en fil

(1) C'est le terme moyen. Dans les faisanderies royales, on dönne six poules à un coq. Bechstein, Hartig et Winckel disent de sept à dix. Nous pensons que plus de sept sont de trop, et que moins présente un autre inconvénient, qui est que le coq tourmente trop ses femelles et nuit à la ponte.

(2) Quelques auteurs disent cinq à six toises carrées;

de fer ou en bois d'une hauteur d'enviro
quatre pieds et demi à huit pieds. Lorsqu'o
ne les fait qu'en bois, ils peuvent être rédui
à douze pieds carrés, sur une hauteur d
quatre pieds. On les couvre d'un filet
corde, ou, ce qui vaut mieux, d'un grilla
de fil de fer (1) supporté par un poteau plan
au milieu du parquet et plus haut de tro
pieds que le treillage de clôture; on y m
quatre ou cinq bâtons pour servir de juchoir
et une petite hutte au milieu ou dans un d
coins, le tout peint à l'huile. On place dan
un autre coin un paillasson de genêts pou
servir d'abri, et on recouvre le sol d'enviro
trois pouces de sable fin. Il est bien qu'il
croisse trois ou quatre arbustes. Il faut auss
que la cloison mitoyenne à deux parque
ne soit pas à claire-voie; les coqs, étant ex
trêmement jaloux, se tourmenteraient s'ils s
voyaient, et la ponte en souffrirait. Cette
cloison

---

plus le parquet est grand, meilleur il est; cela dépend
de l'emplacement.

(1) Ce grillage a le double but de les garantir de
attaques des oiseaux de proie, et de les empêcher de
sortir du parquet.

cloison doit être établie de la même manière que les autres faces, mais pleine ; il faut y ménager une trappe pour établir au besoin la communication d'un parquet à l'autre. On laisse une porte à chaque parquet. Lorsqu'ils sont ainsi établis, les faisans s'y plaisent, et on récolte aisément les œufs de la ponte. Il est à remarquer que la paille et les herbes sèches, que quelques auteurs conseillent de mettre dans les coins pour coucher les faisans pendant la nuit, ne servent qu'à faire du fumier et à répandre une mauvaise odeur, ce gibier se perchant toujours pour passer la nuit.

Quand les parquets sont bien établis, ce qui doit se faire toujours l'année qui précède celle où l'on veut faire des élèves, il faut y placer un coq et de cinq à sept poules. Les faisans pris dans les grandes forêts, doivent être mis en parquet dans la première quinzaine de février (1) ; ceux pris dans les parcs

______

(1) Dans les pays plus septentrionaux, quand la saison est trop rigoureuse au mois de février, il n'est pas prudent de tenir les faisans dans les parquets extérieurs, où ils souffriraient du froid et périraient peut-être. Dans ce cas, on dispose des parquets dans les pièces où ils ont séjourné l'hiver, et on les y laisse jusqu'à ce que la température soit devenue plus douce.

ou réserves, dans la deuxième quinzaine du même mois; enfin, quand ce sont des élèves restés dans le clos, dans la première quinzaine de mars. Ces derniers sont toujours préférables, parce que, plus habitués aux soins de l'homme, ils sont moins farouches, se nourrissent mieux et donnent une ponte plus abondante et plus sûre. On doit préférer les poules d'un an à celles de deux ans et au-dessus ; quant aux coqs, quoiqu'ils soient bons à un an, il serait mieux qu'ils en aient deux. Une fois que les coqs et les poules ont quatre ans, ils doivent être remplacés. Malgré que l'on n'élève pas des faisans dorés et argentés pour les chasses, il n'est pas inutile de dire ici que, pour en obtenir des œufs bons à faire couver, les poules doivent avoir deux ans, et les coqs trois.

On peut nourrir les faisans dans leur parquet avec du blé, de l'orge, et même de l'avoine; au commencement de mars, on y ajoute un peu de chenevis qui les échauffe et hâte l'époque de leurs amours. Il faut les bien nourrir, mais prendre garde de les engraisser, car les poules cesseraient d'être fécondes, ou le petit nombre d'œufs qu'elles produiraient serait recouvert d'une coquille si molle, qu'il serait impossible de les faire couver. Deux onces et demie ou une bonne cuillerée à bouche de grains suffisent par jour pour la nourriture d'un faisan. L'eau qui compose la boisson doit être toujours nette et renouvelée une ou deux fois par jour.

Voici comme on nourrit les faisans dans les parquets des faisanderies royales. Pour un coq et six poules qui y sont ordinairement renfermés, on donne par jour, jusque vers la mi-mars, époque où l'on commence à échauffer, six décilitres de blé. A cette époque, on retranche deux décilitres de blé, et on ajoute six centilitres de chenevis et un œuf de poule cuit dur émietté avec du pain. On continue cette nourriture jusqu'à la fin de la ponte. Mais il est à remarquer que les faisans mangent alors moins, et qu'on peut diminuer, si l'on s'aperçoit qu'ils laissent de la nourriture. Le matin, on donne le blé et le chenevis, toujours dans des petites mangeoires couvertes appelées *trémies*, et, le soir, on donne les œufs émiettés sur une planche propre.

Le commencement de la ponte a lieu le plus souvent vers le 15 avril, et se prolonge jusqu'au 15 mai environ. Il est cependant bon d'observer qu'elle commence plus tôt dans les pays chauds que dans les pays froids. Dans les faisanderies royales, on augurerait mal si l'on n'avait des œufs que le 20 avril. On en a eu dans quelques-unes, et notamment dans celle de Saint-Germain, le 6 avril. L'expérience a prouvé qu'après la moitié de la ponte, c'est-à-dire lorsque chaque poule faisane a pondu dix à douze œufs, il était avantageux de mettre les faisans en liberté, ce qui donne presque toujours un *recoquetage*. Il y a de plus économie, n'ayant plus à nourrir dans les parquets d'une faisanderie les coqs et les poules qui ont servi à la ponte.

Les faisans dorés et argentés pondent huit ou dix jours avant les autres.

Dans les trois faisanderies royales du Wurtemberg, on laissait tous les faisans en liberté. Au temps de la ponte, on allait relever, chaque jour, à l'aide de chiens d'arrêt bien dressés, les œufs sur les nids, à l'exception d'un seul qu'on laissait constamment dans chaque, et on les faisait couver dans l'intérieur de la faisanderie ; ensuite on lâchait les élèves. On en élevait ainsi, chaque année, de deux à trois mille.

Aussitôt que la ponte commence, on s'assure d'un nombre de poules domestiques qui s'annoncent pour couveuses; ce nombre pourrait être égal à celui des poules faisanes, mais par économie on peut le réduire aux deux tiers, surtout en ne laissant pondre que dix à douze œufs par poule, et plaçant les élèves comme nous l'indiquerons. Pour n'avoir aucun doute sur leurs dispositions, on les met pendant trois ou quatre jours sur quelques œufs de poules domestiques; et, si elles y tiennent bien, on y substitue les œufs de faisan, à raison de quinze par poule. Dans les grandes faisanderies, on est obligé d'avoir des hommes constamment en course pour trouver des couveuses, car il est essentiel de n'en pas manquer; cependant, si le cas arrivait, on pourrait employer des dindes. C'est même un moyen très-économique, car une dinde peut couver trente œufs de faisan, et cinquante de perdrix. On les fait alors couver pendant toute la saison, et on fait adopter les élèves à des poules.

Lorsqu'on s'est assuré de couveuses (1), on

____

(1) En Allemagne, on dispose à l'avance, dans les pièces à ce destinées, si l'établissement est permanent,

dispose la chambre appelée *couverie* pour les recevoir. Cette chambre doit être éloignée du bruit et de tout ce qui pourrait troubler l'incubation. On couvre le plancher d'environ trois pouces de sable fin, on ferme les fenêtres et on les bouche de manière à empêcher le grand jour d'y pénétrer. Dans cet état, on attend que la ponte ait assez fourni pour commencer à faire couver. On visite soir et matin les parquets pour enlever les œufs que l'on peut, sans inconvénient, garder plusieurs jours, quoiqu'il soit néanmoins préférable de ne pas attendre plus de trois ou quatre jours. Lorsque l'on a quinze œufs, on les place dans un panier, au fond duquel on

---

ou, s'il n'est que momentané, sous un hangar de trois ou quatre pieds de haut sur autant de profondeur, un nombre de petites cellules de deux pieds et demi à trois pieds de large, proportionné à celui des poules couveuses qu'on se propose d'avoir. Chacune de ces cellules est fermée par une porte en grillage ou en treillage très-serré, pour en défendre l'entrée à tout ce qui pourrait inquiéter les oiseaux. A mesure que l'on a quinze œufs, on les place dans une corbeille de trois ou quatre pouces de profondeur, au fond de laquelle on a fait un lit de paille. On met la corbeille dans une des cellules, avec la poule qui doit couver, et on la laisse ainsi jusqu'à ce que les petits éclosent.

a fait un lit de foin vieux (1). Ce panier doit avoir environ un pied et demi de profondeur sur neuf à dix pouces de large , et être établi de manière à en recevoir un autre pour tenir moins de place en magasin. Lorsque la poule est dedans, on le couvre d'une toile, on le numérote, et on le place dans la chambre destinée à servir de couverie. On a soin d'aligner les paniers pour en rendre la visite plus facile.

Pendant l'incubation, qui dure de vingt-trois à vingt-sept jours, on nourrit les couveuses de la manière suivante : elles ne doivent faire qu'un seul repas qui a lieu de six à huit heures du matin, et plus tôt s'il est possible. On les prend doucement par les ailes, on les enlève de dessus leur nid, et on les porte sous une mue d'osier où on les place deux à la fois ; on donne pour chaque poule six centilitres d'orge, et douze pour chaque dinde ; on place le grain dans une petite mangeoire, et on met auprès une tasse pleine d'eau. On les laisse une demi-heure

---

(1) Il est essentiel que le foin soit très-vieux : autrement il s'échauffe et incommode les couveuses; la paille bien rompue devrait être préférée au foin trop nouveau.

sous la mue, après quoi on les reporte doucement sur leur nid que l'on a eu soin de
couvrir de sa toile pour y entretenir la chaleur. On a l'attention de nettoyer chaque fois
l'emplacement de la mue qui doit être sablé,
afin qu'il n'y reste point d'odeur. Ces mues
doivent également être établies de manière
à en recevoir une autre pour être emmaga-
sinées.

On se précautionne d'un nombre de caisses
dans la proportion d'une pour quinze faisandeaux. On pourrait cependant calculer qu'une
seule peut servir à élever quarante-cinq faisandeaux, en laissant, entre chaque éclosion,
un intervalle de dix jours. Ces caisses, re-
présentées planche Ire, ont de longueur
environ quatre pieds et demi sur un pied de
hauteur, et quinze à dix-huit pouces de largeur. La figure 2 est celle de la caisse sans son
couvercle; A est la loge où l'on met la couveuse, qui s'y trouve retenue par les barreaux
de bois *b*, qui permettent aux faisandeaux
d'aller jusqu'à elle. On la fait entrer en levant le couvercle B, que l'on referme ensuite.
On ferme, dans le premier âge, l'extrémité
D de la caisse, au moyen d'une porte E qui
entre dans deux petites coulisses; devant cette

Fig. 1ere

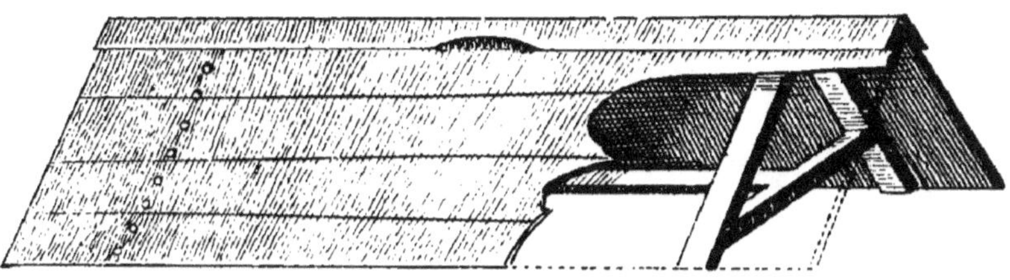

Fig. 2.

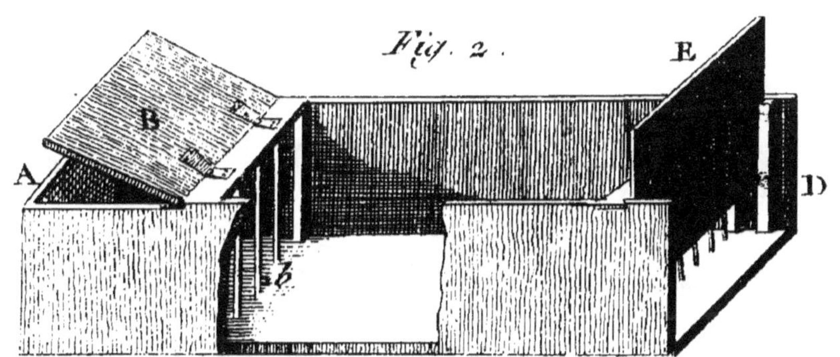

Fig. 3.

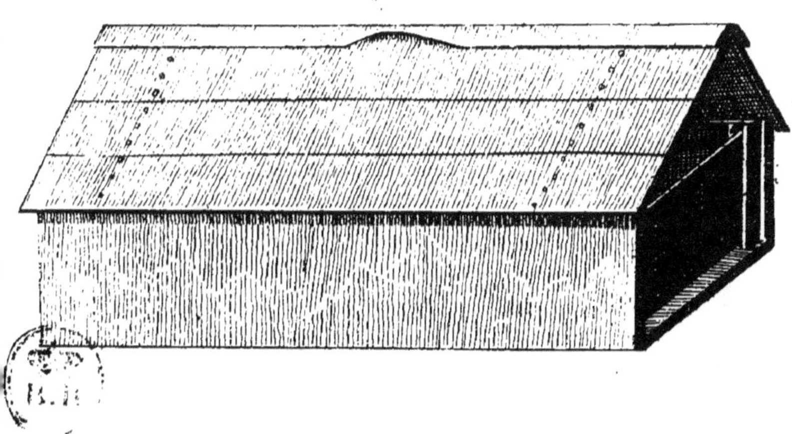

porte est une grille à demeure qui permet aux faisandeaux de passer. Cette caisse est couverte, la nuit et dans le mauvais temps, de son couvercle, figure 1. La figure 3 est une caisse surmontée de son couvercle.

Au moment où les œufs éclosent, on forme des compagnies de quinze faisandeaux, autant que possible de même âge ; on les place dans une boîte sur du coton ou de la laine fine, au grand soleil ou auprès du feu (1). Au bout de vingt-quatre heures, on porte la caisse dans le bâtiment des élèves. On met la poule dans sa cellule, et les petits dans l'autre partie de la caisse, que l'on expose au soleil, en coulant la boîte sous des châssis pratiqués au midi. Pendant la nuit, la pluie et l'orage, on a soin de fermer la caisse avec le couvercle et la porte (2). C'est après ces vingt - quatre

______

(1) D'autres conseillent de les laisser sous la mère pendant les premières vingt-quatre heures.

(2) D'autres, après les vingt-quatre heures, mettent la mère et quinze petits dans la caisse, et la portent au grand air ; ils mettent deux caisses, ouvertes, au bout l'une de l'autre, pendant les quatre ou cinq premiers jours, pour procurer un plus grand espace aux faisandeaux, qui vont de l'une à l'autre mère.

heures qu'on commence à donner de la nourriture.

L'expérience a démontré que, pour réussir à faire des élèves de faisans, perdrix rouges et perdrix grises, il faut d'abord, autant que possible, les rapprocher de leur état naturel et sauvage, tant pour la nourriture que pour les habitudes. On divise la croissance des faisandeaux et perdreaux en trois âges : le premier se prolonge depuis le jour de l'éclosion jusqu'au quatrième ou cinquième jour, qu'ils commencent à voltiger par dessus la boîte ; le second, depuis cette époque jusqu'au dixième jour qu'ils volent sur le parquet ; et le troisième, depuis le dixième jour jusqu'à leur entier développement.

Dans le premier âge, les faisandeaux ou perdreaux, réunis dans une boîte avec la poule couveuse, sont placés dans le bâtiment des élèves. Dans le second âge, on place les boîtes dans l'emplacement réservé en avant des parquets, en en mettant deux vis-à-vis l'une de l'autre, à la distance de six pieds; on a soin d'incliner les boîtes pour faire écouler les eaux pluviales qui viendraient à tomber subitement. On établit, en avant des boîtes, un petit parquet avec des claies de six pieds de longueur sur trois pieds de hauteur, et on retire les portes à coulisse des boîtes pour laisser libre la communication avec ce parquet.

Dans le troisième âge, lorsque les élèves volent par-dessus ce parquet, que l'on nomme *parquet-volant*, on retire la couveuse et les élèves des grandes boîtes, on les place dans une boîte courte que l'on porte dans les routes parallèles en en mettant toujours deux en face l'une de l'autre ; ou on attache les poules sous des huttes en paille, décrites page 23, afin que le gibier, qui est en liberté, puisse trouver un abri contre le froid et la pluie. On peut alors disposer des grandes boîtes pour de nouveaux élèves.

Enfin, lorsque l'on veut placer les élèves dans des parties de bois ou de plaine, où l'on se propose de chasser, ce qu'il faut faire dès qu'ils atteignent leur troisième âge, quand les localités le permettent, on les porte avec les boîtes ou huttes le long des routes, s'il s'en trouve, que l'on sable un peu pour donner du ressui et de la poudrette. Lorsqu'ils ont pris connaissance du terrain, ce qui arrive au troisième ou quatrième jour, la moitié des poules couveuses est mise en liberté avec les élèves, et les boîtes qui leur servaient sont reportées à la faisanderie. L'autre moitié des poules reste dans les boîtes ou sous les huttes, jusqu'à ce que le gibier cesse d'y venir pour s'abriter ou chercher sa nourriture. Alors on les reporte à la faisanderie, et l'on prend ou tue les poules qu'on avait lâchées.

Les perdreaux rouges demandent un soin tout particulier ; on a reconnu qu'en les plaçant, comme il est dit ci-dessus, dès qu'ils sont entrés dans le troisième âge, c'est le meilleur moyen d'éviter la mortalité à laquelle ils sont sujets.

Un autre moyen moins long, et peut-être plus sûr, est de placer, lors de la ponte, dans des nids de perdrix grises, des œufs de perdrix rouges. Cependant, il n'est pas sans inconvénient, puisque les œufs peuvent être abandonnés, ou mangés par les oiseaux. Pour faire cette substitution, il suffit de faire reconnaître par un garde un certain nombre de nids de perdrix grises ; on en retire les œufs quand la ponte est à peu près complète, on y substitue ceux de perdrix rouges, et on porte les autres à la faisanderie pour les y faire couver.

La manière de nourrir les faisandeaux diffère dans beaucoup de faisanderies. Nous allons dire comment on la règle dans les faisanderies royales, et nous indiquerons ensuite les autres méthodes. On donne par jour, pendant le premier mois, pour quinze faisandeaux, quatre litres d'œufs de fourmis, soixante-six centigrammes de mie de pain, émiettée avec un œuf deux tiers cuit dur, à distribuer d'heure en heure pendant les quinze premiers jours, et de deux en deux heures, pendant les quinze jours suivans. On augmente cette nourriture, pendant le deuxième mois, de treize centilitres de petit blé, dix décagrammes de pain et vingt œufs, en diminuant le nombre des repas, et, dans le troisième, de trente-trois centilitres de blé et cinq décagrammes de pain. On passe ensuite à la nourriture sèche.

Quant aux poules, on les nourrit, le premier mois, de la même manière que pendant l'incubation, et on augmente, le second mois, leur nourriture de sept centilitres, et de sept centilitres encore le troisième mois. On a soin, tant qu'elles sont dans la caisse, de les bien nettoyer tous les jours, ce qu'il faut faire également lorsqu'elles sont au piquet sous les huttes.

Pour parvenir à nourrir les élèves plus économiquement, on a mis en pratique dans les faisanderies royales, d'après les ordres de M. le premier veneur, un procédé qui a parfaitement réussi avec les soins nécessaires. Il a été essayé dans les faisanderies royales de Saint-Germain et de Versailles, et doit être mis en usage dans toutes les autres. Ce procédé consiste à employer pour la nourriture des faisandeaux, le ver blanc, qui est produit par les œufs que dépose, sur la chair qui se corrompt, la mouche bleue de la viande, *musca vomitoria* de Linnée (1). Ce ver peut non seulement remplacer les œufs de fourmis, que l'on se procure difficilement et à grands frais, mais encore tous les autres alimens que l'on donne aux faisans. Ces oiseaux, ainsi que les perdreaux, en sont très friands.

Pour se procurer les vers de viande, il faut

---

(1) Ce procédé paraît avoir été essayé anciennement, car il en est question à l'article *faisan ;* du Cours d'agriculture de Rozier, édition in-4°, qui l'a extrait du *Journal Economique* du mois de novembre 1771.

faire putréfier de la chair à l'air libre. Les chevaux, ânes, chiens et généralement tous les animaux sont convenables.

On les dépose sur une terre battue, exposée au midi, en les réunissant trois ou quatre au plus, surtout quand ce sont des chevaux; on peut découper les cuisses et autres portions, et les mettre dans le coffre en les tournant vis-à-vis l'une de l'autre. Ces animaux doivent être entourés d'une rigole de six pouces de profondeur sur six de largeur, qu'on nettoie bien et qu'on bat avec une bêche sur les côtés pour empêcher la fuite des vers qui se perdrait sans cette précaution.

La putréfaction est plus ou moins prompte, suivant la température, mais il faut garantir les chairs de l'ardeur du soleil qui les dessécherait, et de la pluie qui empêche la ponte des mouches; pour cela on les couvre avec des planches que l'on soutient par des fourches ou sur des tréteaux. Un temps chaud, calme, avec quelques coups de soleil par intervalles, est le plus favorable à la ponte et à l'éclosion des œufs.

Les vers se montrent ordinairement après trois ou quatre jours; on ne doit remuer les chairs, qu'autant qu'un froid subit les ferait rentrer, ou les empêcherait de sortir. Quand ils quittent bien les chairs, ils vont tomber daus la rigole ; on les balaie dans un coin et on les enlève aisément. Pour faire cette récolte plus abondamment, il faut se rendre à la rigole de très-grand matin. On a soin de couvrir les chairs tous les soirs, afin qu'elles ne soient pas mouillées, s'il venait à pleuvoir.

Quand les vers sont ramassés, on fait bouillir de l'eau dans une chaudière. On les y jette en les agitant, pour les faire mourir séparément et empêcher qu'ils ne se tassent. On les retire quand ils sont bien blancs, on les lave dans plusieurs eaux, on les met égoutter dans des paniers, puis on les poudre de son en les remuant, et dans cet état, ils conservent peu d'odeur et peuvent être donnés aux faisandeaux.

Il ne faut pas les laisser vieillir, car ils se gâtent promptement et peuvent rendre les élèves malades. Ils peuvent se conserver deux jours en les mettant au frais, mais le troisième ils ne valent plus rien.

Un cheval de moyenne taille, sur lequel on n'éprouve pas de perte, doit produire de quatre à cinq boisseaux, ou quarante-huit à soixante litres de vers. On peut se régler sur cette base. Le ver de mouche peut remplacer toutes les nourritures; on peut le donner seul aux faisandeaux en quantité égale à la moitié des autres alimens; et les jeunes élèves, nourris de cette manière, ce qui réduit la dépense à moitié, viennent parfaitement bien. Sur quinze ou dix-huit cents on n'en perd pas cinquante.

On a encore essayé, dans les faisanderies royales, d'élever des faisandeaux avec du sarrasin cuit. Ces faisans, qui étaient renfermés, ne sont pas venus gros. De nouvelles expériences, à cet égard, ne seraient peut-être pas inutiles, parce qu'elles pourraient amener un résultat avantageux.

Nous venons de voir comment on gouvernait les élèves dans les faisanderies royales; il n'est pas inutile d'indiquer sommairement les divers moyens employés dans d'autres faisanderies. Souvent un procédé fort bon dans un pays, cesse de l'être dans un autre. Ce que nous allons dire convient particulièrement aux pays plus froids que le nôtre, et est pratiqué dans les faisanderies en Allemagne.

Après les premières vingt-quatre heures, on place dans la caisse la mère et ses quinze faisandeaux.

Si la température est favorable, les faisandeaux ne doivent pas être tenus long-temps renfermés; et, au bout de trois ou quatre jours, on doit songer à leur faire prendre l'air. On sort chaque jour la caisse de la chambre ou du hangar, aussitôt que la rosée a cessé de tomber, et que la fraîcheur du matin est dissipée. On la dépose sous un auvent pratiqué exprès à l'exposition du sud-est ou du sud, on lève le couvercle de la caisse, et, dès qu'il ne reste plus d'humidité dans l'herbe, on retire la grille pour laisser les petits sortir en liberté. Le soir, avant que la fraîcheur se fasse sentir, on les renferme dans la caisse, on pose le couvercle et on la rentre. On a le même soin en cas de pluie, et on évite d'exposer les faisandeaux à une température trop froide qui leur est très-pernicieuse. Il est bien entendu que, dans ces premiers temps, la mère reste renfermée dans la partie de la caisse qui lui est destinée, et où on la nourrit convenablement.

Nous avons dit que chaque faisandier a pour ainsi dire une méthode particulière de nourrir les faisandeaux.

Les uns se contentent de donner, pendant les huit premiers jours, quatre à cinq fois par jour, des œufs de fourmis. Ce temps écoulé, ils y mêlent quelques grains de blé et d'avoine, et préparent à part une pâtée composée d'un mélange d'œufs durs, de mie de pain rassi, et de feuilles de laitues hachées dont ils donnent peu à la fois, et qu'ils renouvellent au moins trois fois par jour. Au bout de quinze jours, ils mêlent le grain en plus grande quantité dans les œufs de fourmis ; enfin, ils passent à la nourriture sèche qu'ils alternent cependant de temps en temps avec les œufs de fourmis et la pâtée.

Ailleurs, on donne, pendant la première semaine, des œufs de fourmis mêlés avec de la mie de pain rassi et de la graine de pavots, ou du millet mondé cuit dans du lait doux et mêlé avec des œufs de fourmis et des blancs d'œufs durs hachés. Dans la seconde semaine, on ajoute le jaune de l'œuf au blanc, et on substitue à la graine de pavots des sommités de plantain et de la millefeuille hachées. On continue ainsi jusqu'à ce que les faisandeaux aient atteint la grosseur d'une caille ; alors on mêle à cette nourriture du gruau d'orge et de froment en grain ; puis on passe à la nourriture ordinaire.

D'autres donnent, pendant les quatre pre-

miers jours, les œufs de fourmis mêlés avec
les blancs d'œufs hachés. Ils y substituent
alors, pendant deux mois et demi, des œufs
de fourmis, des œufs durs et du millet mondé.
Ils donnent ensuite, pendant quinze jours,
de la graine de millet, et une pâte cuite hachée, composée de farine de froment et d'œufs;
enfin, on conseille de présenter aux faisandeaux, outre leur nourriture ordinaire, et
dès le troisième ou quatrième jour, une gerbe
d'avoine verte dont ils se plaisent à chercher
les grains encore en lait.

Il n'est pas besoin de dire qu'il doit toujours
y avoir à l'entrée de la caisse une tasse d'eau
très-claire. M. A. D. Winckell conseille de
jeter dans l'eau un peu de verveine, de serpo-
let et de lierre terrestre, ce qui doit préserver
les faisandeaux de la diarrhée.

Toutefois les soins qu'exigent ces jeunes
élèves, ne se bornent pas à ceux que nous
avons indiqués. Les faisandeaux sont sujets à
plusieurs accidens et maladies contre lesquels
différens auteurs conseillent l'emploi des remèdes suivans.

Les poux. Si l'on remarque que les plumes
se hérissent et que la tête est un peu gonflée,
c'est une preuve que cette vermine tourmente

les faisandeaux. Dans ce cas, on leur frotte la tête et le dessous des ailes avec de l'huile d'olive. Si ce moyen ne réussissait pas, il faudrait recourir à de l'onguent mercuriel très-doux, et l'employer dans la proportion de moitié de la grosseur d'un petit pois pour chacun. On a soin, pendant ce temps, de tenir les faisandeaux exposés au soleil, ou, si le temps est froid, dans une chambre bien close. On doit faire la même opération à la poule, parce que c'est elle qui communique cette vermine aux petits; il faut encore changer leur caisse, ou au moins la bien nettoyer.

Le bouton. Les glandes du croupion se gonflent, et il s'y forme des pustules. Il ne faut pas les couper, mais se contenter de les percer avec une épingle, puis frotter la partie malade avec du beurre frais ou de l'onguent de céruse.

La diarrhée. Dans cette maladie, l'âcreté des excrémens cause souvent au rectum une inflammation qui est très-dangereuse. Nous avons déjà indiqué les précautions à prendre; mais si malgré cela la maladie se déclare, il ne faut pas la négliger un instant, et donner aux malades beaucoup de graines de genièvre, et, pour boisson, de l'eau dans laquelle on a mis un peu de sel, et plongé un fer rouge. On en-

enlèvera les plumes gâtées par les excrémens, on frottera la partie malade avec de
l'huile de lin ou du beurre frais, et on intro-
duira doucement plusieurs fois dans le rectum
la tête d'une épingle enduite d'huile de lin.

M. Wibbekink, inspecteur de la faisanderie de Louisbourg, conseille le safran entier
dans l'eau jusqu'à ce que la maladie cesse, et,
si le mal augmente, de mouiller la graine et
de la saupoudrer avec une légère pincée de
rhubarbe.

Il est aussi nécessaire de séparer les faisandeaux malades de ceux bien portant, pour
éviter la contagion, et de traiter par précaution ces derniers avec le genièvre, et l'eau
ferrée ou safranée, ou dans laquelle on a fait
cuire de l'ortie grièche.

La constipation. Elle est également dangereuse; on la reconnaît aux efforts que font
les oiseaux sans cependant rendre des excrémens. L'huile de lin, introduite dans le rectum de la manière qu'on vient d'indiquer,
produit un effet salutaire.

La pépie. Il se forme au bout de la langue
une peau blanche et dure, les narines se res-
serrent, et l'oiseau périt en peu de temps.

Il faut enlever avec un canif bien tranchant, sans attaquer les parties saines, la peau qui couvre le bout de la langue; passer à diverses reprises dans les narines une petite plume imbibée d'huile d'olive, et faire prendre une pilule composée d'ail cru haché enveloppé dans du beurre frais.

A l'âge de deux mois, les faisandeaux sont presque sauvés; cependant ils ont encore une crise à subir. Ils perdent alors de leur appétit et de leur vivacité; ils maigrissent, et bientôt les premières plumes de leur queue tombent et font place à d'autres; en dix jours la crise est passée, et on la rend moins dangereuse en donnant aux faisandeaux des œufs de fourmis une fois le jour, et le matin et le soir des œufs durs hachés mêlés avec un peu d'orge et des feuilles de laitues pilées.

A deux mois, les faisandeaux sont en état de se passer de mère, cependant on la tient captive ordinairement jusqu'au troisième mois. Les petits deviennent moins sauvages, ils s'éloignent peu de la hutte sous laquelle elle est abritée, et même la nuit ils se branchent sur les grands arbres les moins éloignés d'elle; enfin, ils s'habituent à venir tous les jours auprès d'elle pour manger le grain que le faisandier apporte, en ayant soin de les appeler en sifflant. Lorsqu'on a rendu la mère à la liberté, on continue d'apporter tous les jours du grain au même endroit; ils finissent par s'attacher aux lieux où ils sont nés, et au printemps suivant ils y font leur ponte.

SECTION III.

MANIÈRE DE PRENDRE AVEC LES TOILES LE GROS GIBIER A POIL QUE L'ON DESTINE A PEUPLER LES PARCS.

Cette espèce de chasse exige le concours d'un grand nombre de personnes et un appareil très-coûteux.

Il faut avant le jour fixé, s'assurer que l'on a tout ce qui est nécessaire, et que chaque chose est en état de servir.

Les toiles dont on fait usage doivent avoir neuf pieds de hauteur lorsqu'elles sont tendues, afin que les animaux, et surtout les cerfs, ne puissent les franchir. Elles sont garnies, aux bords supérieur et inférieur, d'une corde bien câblée et qui sert à les tendre. Ces toiles sont surmontées d'un filet de cordes

placé

placé entre le bord de la toile et le maître ; Ce filet a environ un pied de hauteur. Une de leurs extrémités a des espèces d'œillets en corde, et l'autre également pourvue de pareils œillets a de plus à chacun un petit bâtonnet fort et long de quatre pouces, qui y est fixé à demeure. Ces bâtonnets, passés dans les œillets de la pièce de toile suivante, servent à réunir les deux pièces d'une manière solide; c'est ce qu'on appelle *marier les pièces*. Il faut avoir autant de pièces de toile qu'il est nécessaire pour enclorre l'enceinte où l'on aura détourné des animaux; et, comme l'on ne peut pas prévoir quelle sera sa circonférence, il vaut mieux en avoir plus que moins.

On tend ces toiles avec de forts pieux du diamètre de trois pouces environ, et d'une longueur de douze à treize pieds. Ces pieux sont taillés en pointe par un bout pour être enfoncés solidement en terre; l'autre bout est garni de trois ou quatre clous à crochet placés à des hauteurs différentes, pour accrocher la corde qui borde le haut des toiles, suivant les inégalités du terrain. La quantité de ces pieux, qui doivent être plantés de douze pieds en douze pieds, doit être proportionnée à celle des pièces de toile. Il faut se précaution-

ner d'un certain nombre de clous à crochet
pour remplacer ceux qui viendraient à manquer, ou pour en placer d'autres que le terrain
rendrait nécessaires, et de plusieurs marteaux
pour les enfoncer, bien entendu néanmoins
qu'il ne faut enfoncer des clous avec le mar-
teau que lorsque l'enceinte est close provisoirement, autrement le bruit ferait fuir le
gibier.

On n'emploie pas de pieux pour tendre les
toiles dans l'équipage du Roi. On se contente
d'accrocher le maître des toiles à des branches
d'arbres dont on coupe l'extrémité.

On assujettit la corde du bas des toiles avec
des piquets à crochet longs de dix-huit pouces à deux pieds. Il faut donc en être abondamment pourvu, ainsi que de plusieurs
maillets pour les enfoncer, et de quelques
fortes masses pour frapper sur les pieux et
les faire entrer en terre. Comme on plante
quelquefois ces pieux dans un terrain dur et
pierreux, on a besoin de quelques pioches;
dans les terrains ordinaires, on se sert, pour
préparer les trous, de pieux pointus qui n'ont
que trois pieds de longueur. Enfin, pour
compléter les ustensiles nécessaires à la tendue des toiles, on a besoin d'un certain nom-

bre d'échelles qui, par le moyen d'un pied fait en fourche par le haut, et tenant à l'échelle par un boulon qui lui donne l'aisance de s'ouvrir à volonté, font l'usage d'une échelle double sans être ni aussi lourdes, ni aussi embarrassantes.

Les panneaux dont on se sert pour prendre les animaux ont cinq pieds de hauteur, et sont faits en ficelle très forte et à mailles carrées de quatre pouces de diamètre; ces panneaux sont bordés, en haut et en bas, d'une corde solide passée dans l'enlarmure des mailles; on emploie, pour les soutenir, des fourches longues de six pieds.

Tous ces objets, reconnus en bon état, sont chargés sur des voitures. La veille du jour choisi pour la chasse, le commandant de l'équipage assigne à chaque valet de limier le lieu de sa quête, et désigne le rendez-vous qui doit être, autant que possible, au centre des quêtes.

Pendant que les valets de limier s'occupent à détourner les animaux, un veneur conduit les voitures au rendez-vous, où elles doivent être arrivées de bonne heure; et un autre y amène les hommes destinés à entourer l'enceinte pour y maintenir le gibier et aider à tendre les toiles. Aussitôt que le rapport est fait, le commandant désigne l'enceinte qu'il faut cerner ; il se décide ordinairement pour celle qui paraît contenir le plus d'animaux.

Alors le valet de limier qui a détourné, conduit de suite les hommes vers son enceinte, et les place à l'entour, à environ vingt pas les uns des autres ; ils doivent contenir le gibier sans l'effrayer par des cris, mais seulement en agitant un mouchoir ou un chapeau, dans le cas où il se présenterait pour franchir l'enceinte avant que les toiles fussent tendues.

On fait suivre en même temps les voitures chargées des ustensiles ; on déploie et fait filer les toiles à terre, tout autour de l'enceinte ; on en fixe les extrémités au moyen des œillets et des bâtonnets qui s'y trouvent, pendant que d'autres s'occupent à planter les pieux à une distance d'une douzaine de pieds les uns des autres ; et, à mesure qu'ils sont plantés, on se hâte d'y accrocher la corde supérieure des toiles au moyen des clous à crochet dont ils sont garnis. On commence toujours par clorre le côté de l'enceinte sous le vent, afin de moins effrayer le gibier. Aussitôt que l'enceinte est close, on se hâte de consolider les pieux et les toiles. On attache, autant que possible, les extrémités des cordes à des arbres, et on assujétit les cordes du bas au moyen des piquets à crochet plantés en terre, et dont le crochet est pris dans la corde.

Dans cet état, on fait prendre quelques instans de repos aux travailleurs.

Ensuite on entre dans l'enceinte, et on y tend des panneaux, dont on attache solidement à deux arbres la corde qui borde le haut, et on la soutient de distance en distance à l'aide des fourches dont nous avons parlé, en en mettant toujours deux vis-à-vis l'une de l'autre, et les plaçant obliquement et de manière à ce qu'elles posent seulement à terre. La corde inférieure du panneau n'est pas assujettie, pour que cette partie reste libre. On place près des panneaux, et de distance en distance, les veneurs et les gens le plus au fait des prises; ils se cachent le plus possible en dedans du panneau, du côté où doivent venir les animaux.

On fait alors entrer dans l'enceinte, pour la fouler, des batteurs conduits par trois gardes placés l'un au centre, et les deux autres aux ailes. Ces batteurs marchent sans bruit, en poussant les animaux devant eux.

Dès qu'un animal donne dans le panneau, il fait tomber les fourches, s'embarrasse dans le filet et tombe lui-même ; alors les veneurs les plus proches s'empressent de se jeter dessus.

Si c'est un cerf, un daim ou un chevreuil, il faut le saisir à la tête, et le maintenir à terre jusqu'à ce que l'on soit assez d'hommes pour s'en emparer et le défaire du panneau. Cinq hommes vigoureux et habitués à ce genre de prises suffisent pour se rendre maîtres du plus gros cerf (1). On scie la tête aux

______

(1) Voici la manière usitée en Allemagne. Deux hommes vigoureux saisissent le cerf par le bois, et le maintiennent à terre ; d'autres se jettent sur le corps, et se rendent maîtres des extrémités antérieures et postérieures. On dégage l'animal du panneau avec beaucoup de précaution ; puis, après lui avoir passé deux fortes longes au-dessus des pierrures, on le tire vers la caisse qu'on a approchée, et dont on a retiré une des portes à coulisses qui en ferment les extrémités. Alors on passe les deux bouts des longes dans la caisse, et on les sort par les ouvertures pratiquées dans la porte opposée à celle ouverte : dans cet état, en tirant sur les longes et en poussant le corps du cerf

cerfs et aux daims jusqu'au premier andouil-
ler, dont on scie également le petit bout,
pour leur ôter la possibilité de blesser quelqu'un.

Pour transporter les cerfs, les daims et chevreuils, on se sert de grands paniers d'osier
fort. Ces paniers ont quatre barres en bois
pour soutenir le cul, trois anneaux au couvercle pour le bien fermer, et quatre mains
pour le transporter. A chaque côté du panier
est pratiquée une petite fenêtre, pour que l'a-

avec douceur, on le fait entrer dans la caisse dont on
laisse aussitôt tomber la porte. Il est facile alors de
retirer les longes en en lâchant un bout.

Les caisses bien matelassées en dedans sont placées
sur des voitures et transportées avec toute la célérité
possible vers leur destination, afin de moins fatiguer
les cerfs qu'elles renferment. Si le transport doit durer
plusieurs jours, il faut avoir soin de placer dans la
caisse une petite auge et un ratelier, et de donner trois
fois par jour, le matin, à midi, et le soir, de l'eau
fraîche, de l'avoine, du fourrage, et, s'il est possible,
de la luzerne en vert et quelques légumes.

En cas de nécessité, et lorsqu'il ne s'agit que d'un
transport de quelques lieux, on peut user du même
moyen dont on se sert pour les veaux.

Hartig, auquel nous empruntons cette note, assure
que cette méthode lui a parfaitement réussi.

nimal ait de l'air. Ces paniers sont proportionnés à la grosseur de chaque animal, et on les y place couchés. Ils sont bien moins commodes que des caissons paillassonnés en dedans et établis sur des roues basses ; on y met de suite les animaux que l'on conduit à leur destination, où un seul homme suffit pour les lâcher, puisqu'il n'a qu'à ouvrir les portes placées aux extrémités. Dans l'un ou l'autre cas, il est bien de jeter un peu d'eau sur l'animal, afin de le rafraîchir.

Lorsque l'on veut prendre des sangliers, il faut employer des panneaux faits avec une corde très-solide ; car cet animal, furieux et très-fort, les romprait facilement : on peut néanmoins se servir des mêmes panneaux que pour le cerf. Aussitôt qu'il est à terre, deux hommes le saisissent par les écoutes, deux autres par les traces de derrière, et un cinquième se met à genoux sur son corps ; alors on lui passe un bâton que l'on serre bien autour de la hure, et on lui casse les défenses.

On se sert, pour le transporter, de caisses solidement construites en bois épais dans le genre de celles dont nous avons parlé à l'article *Parc des sangliers*, excepté qu'elles s'ouvrent en dessus pour pouvoir y introduire l'animal. Le couvercle est solidement fermé.

On choisit ordinairement la nuit pour transporter les animaux pris; on charge sur les voitures les paniers et les caissons que l'on place les uns sur les autres, et on les transporte le plus promptement possible.

S'il arrivait que l'on ne pût pas prendre dans une journée tous les animaux contenus dans l'enceinte, il faudrait détendre les panneaux, et allumer des feux aux quatre coins de l'enceinte, pour éloigner les animaux des toiles, auprès desquelles il faut établir des gardiens.

Lorsqu'on prend des loups dans le panneau, il faut les tuer avec le couteau de chasse, ces animaux n'étant bons à rien.

Tels sont les moyens employés pour faire la chasse aux toiles; ces moyens entraînent dans des dépenses énormes, que les princes seuls sont en état de soutenir : nous allons donc indiquer une autre méthode moins coûteuse et qui mène à un résultat pareil.

Lorsque l'on a connaissance que quelques cerfs, daims ou chevreuils sont dans une enceinte, on se hâte d'entourer trois côtés de cette enceinte avec une corde que l'on attache aux arbres de distance en distance; cette corde est garnie, de trois pieds en trois pieds, de bouts de ficelle, auxquels sont suspendues des plumes blanches de différens oiseaux, et même des feuilles de papier roulées, et découpées à peu près comme les oreilles que les enfans mettent à leur cerf-volant. Ces plumes, que le moindre vent agite, suffisent pour empêcher les animaux qui sont enfermés dans l'enceinte d'en sortir. Sur l'autre face de l'enceinte qu'on a laissée libre, et qui est ordinairement sous le vent, on dispose deux cordes également garnies de plumes; elles partent chacune de l'angle où finit la première corde, et vont en diminuant de manière à former une espèce d'entonnoir; à leur extrémité la plus étroite se trouve une porte qu'un homme, placé auprès, peut fermer à volonté. Cette porte communique dans une enceinte d'une centaine de pieds de diamètre, que l'on clôt avec des toiles disposées comme celles dont nous venons de parler.

Quand ces préparatifs sont achevés, plusieurs traqueurs entrent dans la première enceinte par le côté opposé à celui où sont placées les toiles, et chassent devant eux et sans bruit les animaux qui s'y trouvent, et qu'ils poussent vers l'entonnoir qui doit les conduire à l'enceinte des toiles. Ces animaux, effrayés par les plumes que le vent agite, n'osent pas franchir la corde qui les soutient, et croyant trouver un passage vont toujours en avant, et arrivent enfin dans la dernière enceinte. Une fois qu'ils y sont tous entrés, l'homme, resté contre la porte, la ferme.

Pour prendre ensuite ces animaux vivans, on tend, à environ vingt-cinq pas de la porte, un panneau qui barre le passage, et contre lequel se cachent les hommes destinés à s'emparer des animaux; on en tend également un à gauche et à droite pour fermer les deux côtés, afin que si l'animal faisait un détour, il ne puisse pas échapper. Dans cet état, l'homme placé auprès de la porte l'ouvre, et les bêtes qui sont renfermées dans l'enceinte apercevant une issue, se hâtent de sortir; mais celui qui est auprès de la porte fait en sorte de n'en laisser sortir qu'un à la fois, qui vient se précipiter dans les panneaux et s'y faire prendre. Si les cerfs ou les daims faisaient difficulté de sortir, un homme, à l'aide d'une échelle, pourrait se montrer au-dessus des toiles, du côté opposé à la porte, et les effrayer assez, soit avec un mouchoir, soit en leur jetant quelques mottes de terre, pour les décider à sortir.

Si l'on voulait prendre des sangliers, comme

ces animaux sont moins faciles à effrayer que les cerfs, il faudrait placer des hommes, de distance en distance, le long des cordes garnies de plumes, pour les contenir dans la première enceinte, et former également avec des toiles les ailes de l'enceinte où on veut les renfermer; la manière de les prendre est ensuite la même.

Cette méthode exige beaucoup moins de dépenses, et permet, avec peu de monde, de prendre tous les animaux qui sont nécessaires pour peupler les parcs. On peut même remplacer les toiles par des filets faits en ficelle très-forte et suffisamment grosse; ils présentent assez de résistance pour contenir le gibier.

CHAPITRE SECOND.

DE LA CONSERVATION DU GIBIER.

SECTION PREMIÈRE.

DES DEVOIRS DES GARDES-CHASSE.

La conservation des chasses comprend les soins que les gardes ont à prendre pour protéger le gibier contre tous les dangers qui le menacent ; elle dépend aussi de la surveillance que le propriétaire exerce sur les gardes, soit par lui-même, soit par un agent dans lequel il a mis toute sa confiance.

La surveillance sur les gardes ne peut être justement exercée que par ceux qui connaissent parfaitement les devoirs qui leur sont imposés ; et eux-mêmes, pour remplir convenablement leurs fonctions, ont besoin d'en connaître toutes les attributions ; c'est donc dans l'un et l'autre but que nous allons essayer de les indiquer.

On se trompe essentiellement, lorsqu'on considère comme les principales qualités d'un garde celles d'être bon tireur et de connaître toutes les espèces de chasses. Au lieu d'être mises au premier rang, ces qualités nous paraissent ne mériter qu'une attention secondaire.

Les fonctions d'un garde exigeant une activité soutenue, et parfois extraordinaire, on doit rechercher en lui une santé robuste, une vue étendue qui le mette à même de découvrir les objets à une très-grande distance, l'ouïe fine, et autant que possible un extérieur prévenant et imposant tout à la fois.

A ces qualités physiques doivent se joindre des qualités morales encore plus essentielles, tels que des principes sévères d'honneur et de probité, une fidélité à toute épreuve, un caractère conciliant mais ferme, du sang-froid, de la discrétion, une bonne mémoire, la conception prompte, enfin des mœurs pures et éloignées de tout penchant à la débauche.

Il serait sans doute difficile de trouver tout cela réuni dans un garde, surtout en France, où cette profession ne jouit pas de la même considération que dans quelques pays étrangers. Nous ne possédons malheureusement aucune de ces institutions où les jeunes gens qui se destinent à courir cette carrière puissent acquérir les connaissances nécessaires pour s'y distinguer. Tout se réduit donc à une routine plus ou moins éclairée par les dispositions naturelles ; il ne faut pas, par conséquent, être trop exigeant dans le choix d'un garde.

Dans l'état actuel des choses, on doit se borner à obtenir des preuves certaines de moralité, et à s'assurer si le sujet proposé a quelque expérience, s'il connaît les lois qui doivent régler ses démarches dans l'exercice de ses fonctions, s'il sait écrire lisiblement et s'il a assez d'intelligence pour rédiger clairement un procès-verbal. S'il joignait à cela un peu d'arithmétique et les principes élémentaires de l'arpentage, il n'en serait que plus susceptible de se rendre utile.

Il est inutile de dire qu'un bon garde doit connaître à fond toutes les parties d'un fusil, savoir distinguer ce qui en constitue les qualités et les défauts, remonter et démonter cette arme, la nettoyer avec méthode et soin ; qu'il est encore plus indispensable qu'il connaisse toutes les espèces de gibier, l'instinct naturel à chacune, les végétaux dont elle se nourrit, et les lieux où elle aime à se fixer de préférence.

Il faut s'assurer qu'il ait une bonne méthode pour instruire les chiens, qu'il ait étudié les symptômes de leurs maladies, qu'il en connaisse les remèdes et sache les administrer. Cette qualité prend plus ou moins d'importance, suivant qu'il est appelé à diriger et à soigner un plus ou moins grand nombre de ces animaux; elle n'est que secondaire lorsque cette connaissance ne doit servir que pour lui.

Enfin, et ce point est un des plus importans pour la conservation des chasses, un bon garde ne doit rien ignorer de ce qui est relatif à la destruction des bêtes nuisibles au gibier.

Maintenant que nous avons dit ce que devait être l'instruction d'un garde, tâchons de lui indiquer la meilleure manière d'exercer ses fonctions.

Lorsque le droit de chasse appartenait à une classe privilégiée, et que les petits propriétaires, privés de ce droit, imploraient vainement justice contre les dommages que causait à leur récolte la trop grande abondance de gibier, un garde, fier du nom et du pouvoir de son maître, pouvait, sans consé-quence, dédaigner les plaintes des cultiva-teurs; et si ce maître était amateur passionné de la chasse, il employait chaque jour de nouveaux moyens d'accroître ses plaisirs, et les vexations se multipliaient avec eux.

Mais aujourd'hui que ce droit est, pour tous les propriétaires sans distinction, un bénéfice qui fait partie intégrante de la propriété, il en résulte que le possesseur d'un seul arpent enclavé au milieu d'une terre très-étendue, peut, s'il refuse le passage, former un obs-tacle à la marche, et limiter les plaisirs du grand propriétaire. D'autres précautions sont donc devenues nécessaires; et, le garde qui représente son maître en son absence, doit toujours être animé de cet esprit conciliant qui, respectant les droits de chacun, parvient bien plus sûrement que l'arrogance à engager les petits propriétaires à faire des concessions qui, au fond, ne leur portent aucun préjudice.

Il est donc du devoir d'un garde d'écouter toutes les réclamations, et de se montrer dis-posé à y faire droit lorsqu'elles sont fondées. Il ne doit pas les laisser ignorer à son chef ou à son maître; et si elles sont basées sur la trop grande abondance du gibier, celui-ci doit donner ordre d'en détruire une partie, à moins qu'il ne tienne assez à ses plaisirs, pour consentir à payer, à dire d'experts, le montant des dommages.

La surveillance du garde doit être exercée avec intelligence, et continuellement variée. On conçoit que, si ses sorties et ses rentrées ont lieu à des heures à peu près fixes, suivant les saisons, si ses tournées sont à peu près régulières, les braconniers n'auront pas besoin de beaucoup d'adresse pour lui dérober leurs manœuvres.

La première chose que doit faire un nouveau garde en entrant en fonctions, c'est d'étudier son terrain dans les plus petits détails, de calculer toutes les chances favorables pour l'attaque comme pour la défense, et de bien raisonner toutes les ressources que la disposition des lieux peut lui offrir pour dérober sa marche, revenir sur ses pas, se rendre promptement aux endroits sur lesquels portent ses soupçons, et surprendre les délinquans à l'improviste, ou s'emparer de leurs ustensiles de braconnage.

Un garde adroit et vigilant s'épargne ainsi beaucoup de démarches inutiles; il acquiert, pour ainsi dire, le talent de se multiplier par des contre-marches bien entendues, et inspire une crainte salutaire.

Par exemple, le garde de plaine ne doit pas ignorer que les lois rurales ne permettent pas même, après que les terres sont dépouillées de leurs récoltes, de les traverser en tous sens à volonté. Cet usage ne peut être que l'effet d'une tolérance réciproque entre les cultivateurs riverains, mais un étranger, ou même un habitant de la commune, ne serait pas fondé à prétendre user de cette faculté au gré de son caprice; il doit suivre les sentiers battus et les chemins vicinaux. Il faut encore moins tolérer qu'on laisse les chiens errer dans la campagne, parce qu'ils détournent le gibier, et le forcent quelquefois à quitter le canton, lorsque cela arrive fréquemment (1).

En partant de ce principe, un garde auquel il est facile de connaître en peu de temps tous les cultivateurs des environs de sa résidence, ainsi que les gens qui sont à leur service, sera à même de juger, à de très-grandes distances, du plus ou du moins d'utilité, nous

______

(1) En Allemagne, on est dans l'usage de tuer tous les chiens qui errent ainsi sans leurs maîtres; c'est également l'usage sur les domaines de la couronne.

pourrions même dire de l'intention qui les porte à diriger leur marche dans un sens plutôt que dans un autre. Alors, si la ligne suivie ne peut avoir pour but d'épargner un temps toujours précieux aux cultivateurs, et d'éviter la fatigue de longs détours, il demandera qu'on s'éloigne de l'intérieur des terres de son maître, et il aura soin de le faire sans s'écarter des égards que commande le bon voisinage. Mais, si le passant est étranger, il ne peut exister aucune excuse valable, et l'injonction devra être plus forte, à moins que, dirigé par quelques soupçons, le garde ne juge plus convenable d'observer, à couvert par quelque buisson, ou à la faveur d'un mouvement de terrain, la marche de celui dont il cherche à pénétrer l'intention.

Un garde doit connaître le cantonnement du gibier dans les plaines confiées à sa surveillance. Il ne doit ignorer aucune des ressources que ces plaines peuvent offrir aux braconniers pour tendre leurs piéges, et arriver plus sûrement à s'emparer du butin qu'ils convoitent. C'est donc sur les endroits où ces ressources se rencontrent, qu'il lui est essentiel de diriger particulièrement son attention; et, comme ces voleurs de gibier ne marchent qu'à l'ombre de la nuit, il lui importe d'employer des moyens sûrs pour reconnaître leurs manœuvres. De petits jalons plantés dans les sentiers ; le soin, dans les tournées du soir, qui doivent toujours se terminer fort tard, d'effacer, autant que le terrain le permet, les traces des pas remarqués à l'approche des endroits suspects ; un peu de terre fraîche semée à dessein et sur laquelle on évite de marcher ; des herbes ou quelques branchages, posés sans apparence d'intention dans les trouées des haies, des buissons ou des remises, et plusieurs autres moyens que l'intelligence suggère, suivant les localités, peuvent devenir des indices certains. Mais, pour ne pas perdre le fruit de ces précautions, il faut devancer le jour dans la campagne ; examiner tout avec la plus scrupuleuse attention, dès que l'on peut distinguer les objets ; remarquer si l'on ne découvre pas sur l'herbe mouillée par la rosée, la trace de quelques pas, se porter rapidement aux endroits les plus suspects ; et souvent des collets encore tendus, quelquefois même des pièces de gibier prises dans ces piéges, que la présence du garde aura empêché de lever, ne laisseront aucun doute sur le délit.

Il est essentiel aussi, pour un propriétaire amateur de la chasse, d'unir à la surveillance de son garde particulier celle du garde champêtre, dans les attributions duquel elle entre également. Il faut savoir reconnaître ses soins à cet égard, et ne pas négliger, dans l'occasion, de récompenser le zèle qu'il aura montré. On doit veiller surtout à ce que l'un et l'autre vivent en bonne intelligence, et combinent leurs opérations de manière à les rendre plus utiles.

Si un garde avait à craindre une réunion de braconniers à laquelle il lui serait impossible de faire face sans s'exposer à de grands dangers, il ne devrait pas hésiter à réclamer l'assistance de la gendarmerie, qui ne refuse jamais son secours toutes les fois qu'un service public plus important n'exige pas impérieusement sa présence sur d'autres points.

Ce que nous venons de dire à l'égard de la surveillance de la chasse dans les plaines, s'applique également aux forêts. Mais ici, les avantages du garde sont encore plus marqués, lorsque les forêts ne sont pas usagères; alors elles sont considérées comme terrain clos, et il suffit de fermer les avenues par des barrières, pour être en droit d'en interdire l'entrée : à plus forte raison, toute personne trouvée dans l'intérieur du bois hors des routes, serait répréhensible et pourrait être poursuivie.

D'un autre côté, il est clair que la surveillance de la chasse dans les forêts exige, pour une même étendue de terrain, plus de gardes que dans une plaine où l'on découvre d'un coup d'œil ce qui se passe à de très-grandes distances. Un garde de plaine, assis dans un endroit favorable, exerce souvent une surveillance plus efficace que s'il parcourait le canton en tous sens, et se faisait voir à tous les yeux. Le garde de bois doit, au contraire, toujours être en mouvement, soit dans les routes, soit sur les lisières, soit dans l'intérieur des enceintes; et, lorsqu'il s'arrête, ce ne doit être que pour prendre un repos nécessaire, ou pour épier à la dérobée les démarches d'individus suspects.

Nous ne pousserons pas plus loin cet aperçu sur la surveillance du garde, pour empêcher les déprédations des braconniers. Sa réputation de vigilance, sa fermeté, son courage, sont les plus sûrs moyens de paralyser ces excès. Nous ne croyons pas devoir parler ici des devoirs du garde, relativement à la propriété confiée à ses soins, ce serait trop nous écarter du but de cet ouvrage.

Nous allons faire connaître la législation en vigueur sur la chasse ; cette connaissance importe autant aux gardes qu'aux propriétaires, puisqu'ils ont besoin à tout instant de savoir ce qu'elle défend ou permet.

SECTION II.

DE LA LÉGISLATION EN MATIÈRE DE CHASSE.

Avant Louis **XIV**, le droit de chasse appartenait exclusivement à la couronne qui l'avait concédé à titre onéreux ou gratuit aux ducs, aux comtes, aux seigneurs hauts-justiciers, etc. ; de sorte que ce droit ne pouvait être exercé que par la noblesse ; la législation était alors tellement obscure et sévère, que les chasseurs clandestins encouraient toutes les peines, même celle de mort, pour la moindre infraction, et souvent, suivant le caprice du seigneur, sur les terres duquel le délit avait été commis.

Louis **XIV**, par son ordonnance du mois d'août

d'août 1669, régla cette législation, et abolit du moins la peine de mort. Mais l'exercice de ce droit n'en resta pas moins onéreux, principalement pour les cultivateurs dont les terres avoisinaient les plaisirs du monarque, ou les bois de quelques seigneurs. Leurs récoltes échappaient difficilement, soit aux ravages qu'y causait le gibier trop abondant, soit à ceux qu'une seule chasse y occasionait.

La première Assemblée législative s'occupa de la réforme de cet abus; et, par la loi du 30 avril 1790, le droit exclusif de chasse fut aboli.

C'est de cette époque que date la législation qui régit la France en matière de chasse; nous croyons donc devoir rapporter, de cette loi et de tous les actes législatifs et administratifs émanés depuis, tout ce que doivent connaître ceux qui s'occupent de chasse, soit comme propriétaires, soit comme amateurs.

Nous dirons cependant que la législation actuelle est incomplète et que ses lacunes laissent le champ libre aux déprédations des braconniers. Toutefois, elle a bien des dispositions pour réprimer leurs vols clandestins, mais la difficulté est dans leur exécution qui devrait être déterminée d'une manière plus positive.

Il est plusieurs autres points que la loi ne détermine pas suffisamment, mais qui peuvent paraître moins importans, en ce qu'ils ont rapport à une classe d'hommes plus amie de l'ordre, parce qu'elle sait en appiécier la nécessité. Il en est un entre autres qui mérite une prompte décision : c'est le droit de suite, c'est-à-dire celui de poursuivre sur les terres d'autrui une bête que l'on a attaquée chez soi. Il est urgent d'établir des bases fixes à cet égard, surtout en ce qui concerne les animaux nuisibles, dont la destruction assure la tranquillité des campagnes. Espérons qu'une portion de la législation qui touche d'aussi près aux intérêts des propriétaires, à la morale et même à la sûreté publique, sera incessamment complétée ; ce qui nous paraît d'autant plus facile que presque toutes les dispositions qui manquent ont été prévues par les anciennes ordonnances de nos rois, et qu'il ne s'agirait que de les mettre en harmonie avec ce que les lois nouvelles ont de sage, et ce qu'exige l'état actuel de la civilisation.

Comme une loi a paru nécessaire pour autoriser, dans les cinq codes, le remplacement des mots distinctifs du précédent gouvernement par ceux qui désignent le gouvernement du Roi, nous avons cru ne pas devoir nous permettre aucun changement.

Loi du 30 *avril* 1790, *qui abolit le droit exclusif de chasse.*

Art. Ier. Il est défendu à toutes personnes de chasser, en quelque temps et de quelque manière que ce soit, sur le terrain d'autrui, sans son consentement, à peine de 20 livres d'amende envers la commune du lieu, et d'une indemnité de 10 livres envers le propriétaire des fruits, sans préjudice de plus grands dommages-intérêts, s'il y échoit.

Défenses sont pareillement faites, sous ladite peine de 20 livres d'amende, aux propriétaires et possesseurs de chasser dans leurs terres non closes, même en jachères, à compter du jour de la publication des présentes jusqu'au premier septembre prochain, pour les terres qui seront alors dépouillées, et, pour les autres terres, jusqu'après la dépouille entière des fruits; sauf à chaque département à fixer pour l'avenir le temps dans lequel la chasse sera libre, dans son arrondissement, aux propriétaires sur les terres non closes.

II. L'amende et l'indemnité ci-dessus statuées contre celui qui aura chassé sur le terrain d'autrui seront portées respectivement à 30 et à 15 livres, quand le terrain sera clos de murs ou de haies ; et à 40 livres et à 20 livres, dans le cas où le terrain clos tiendrait immédiatement à une habitation ; sans entendre rien innover aux dispositions des autres lois qui protègent la sûreté des citoyens et de leurs propriétés, et qui défendent de violer les clôtures, et notamment celles des lieux qui forment leur domicile ou qui y sont attachées.

III. Chacune de ces différentes peines sera doublée en cas de récidive ; elle sera triplée s'il survient une troisième contravention, et la même progression sera suivie pour les contraventions ultérieures, le tout dans le courant de la même année seulement.

IV. Le contrevenant qui n'aura pas, huitaine après la signification du jugement, satisfait à l'amende prononcée contre lui, sera contraint par corps et détenu en prison pendant vingt-quatre heures, pour la première fois; pour la seconde, pendant huit jours, et, pour la troisième ou ultérieure contravention, pendant trois mois.

V. Dans tous les cas, les armes avec lesquelles la contravention aura été commise seront confisquées, sans néanmoins que les gardes puissent désarmer les chasseurs.

VI. Les pères et mères répondront des délits de leurs enfans mineurs de vingt ans, non mariés et domiciliés avec eux, sans pouvoir néanmoins être contraints par corps.

VII. Si les délinquans sont déguisés ou masqués, ou s'ils n'ont aucun domicile connu dans le royaume, ils seront arrêtés sur-le-champ à la réquisition de la municipalité.

Les articles 8, 9, 10 et 11 de cette loi sont abrogés aujourd'hui par l'article 596 du Code des délits et des peines. — Conformément aux articles 601 de ce Code et 179 du Code d'instruction criminelle de 1808, c'est à l'audience correctionnelle des tribunaux de première instance que doivent être portées les causes qui ont pour objets des délits de chasse.

XII. Toute action pour délit de chasse sera

prescrite par le laps d'un mois, à compter du jour où le délit aura été commis.

XIII. Il est libre à tout propriétaire ou possesseur de chasser ou faire chasser en tout temps, et nonobstant l'article premier de la présente, dans ses lacs et étangs, et dans celles de ses possessions qui sont séparées par des murs ou des haies vives d'avec les héritages d'autrui.

XIV. Pourra également, tout propriétaire ou possesseur, autre qu'un simple usager, dans les temps prohibés par ledit article premier, chasser ou faire chasser sans chiens courans dans ses bois et forêts.

XV. Il est pareillement libre en tout temps au propriétaire ou possesseur, et même au fermier, de détruire le gibier dans ses récoltes non closes, en se servant de filets ou autres engins qui ne puissent pas nuire aux fruits de la terre, comme aussi de repousser avec des armes à feu les bêtes fauves qui se répandraient dans lesdites récoltes.

XVI. Il sera pourvu, par une loi particulière, à la conservation de nos plaisirs personnels, et, par provision, en attendant que nous ayons fait connaître les cantons que nous voulons réserver exclusivement pour notre chasse, défenses sont faites à toutes personnes de chasser et de détruire aucune espèce de gibier dans les forêts à nous appartenantes, et dans les parcs attenant aux maisons royales de Versailles, Marly, Rambouillet, Saint-Cloud, Saint-Germain, Fontainebleau, Compiègne, Meudon, bois de Boulogne, Vincennes et Villeneuve-le-Roi.

Extrait de la loi du 6 octobre 1791.

TITRE PREMIER.

DES BIENS ET USAGES RURAUX.

SECTION PREMIÈRE.

Principes généraux sur la propriété territoriale.

ART. Ier. Le territoire de la France, dans toute son étendue, est libre comme les personnes qui l'habitent : ainsi toute propriété territoriale ne peut être sujette, envers les particuliers, qu'aux redevances et aux charges dont la convention n'est pas défendue par la loi ; et, envers la nation, qu'aux contribu-

tions publiques établies par le Corps Législatif,
et aux sacrifices que peut exiger le bien général, sous la condition d'une juste et préalable
indemnité.

SECTION SEPTIÈME.

Des Gardes - champêtres.

Art. Ier. Pour assurer les propriétés et conserver les récoltes, il pourra être établi des
gardes champêtres dans les municipalités,
sous la juridiction des juges de paix, et sous la
surveillance des officiers municipaux. Ils seront nommés par le conseil général de la commune, et ne pourront être changés ou desti-
tués que dans la même forme.

II. Plusieurs municipalités pourront choisir
et payer le même garde champêtre, et une
municipalité pourra en avoir plusieurs. Dans
les municipalités où il y a des gardes établis
pour la conservation des bois, ils pourront
remplir les deux fonctions.

III. Les gardes champêtres seront payés par
la communauté ou les communautés, suivant
le prix déterminé par le conseil général; leurs
gages seront prélevés sur les amendes qui ap-
partiendront en entier à la commune. Dans

le cas où elles ne suffiraient pas au salaire des gardes, la somme qui manquerait serait répartie au marc la livre de la contribution foncière, mais serait à la charge de l'exploitant : toutefois les gages des gardes des bois communaux seront prélevés sur le produit de ces bois et séparés des gages de ceux qui conservent les autres propriétés rurales.

IV. Dans l'exercice de leurs fonctions, les gardes champêtres pourront porter toutes sortes d'armes qui seront jugées leur être nécessaires par le directoire du département. Ils auront sur le bras une plaque de métal ou d'étoffe, où seront inscrits ces mots : LA LOI, le nom de la municipalité, celui du garde.

V. Les gardes champêtres seront âgés au moins de vingt-cinq ans; ils seront reconnus pour des gens de bonnes mœurs, et ils seront reçus par le juge de paix : il leur fera prêter serment de veiller à la conservation de toutes les propriétés qui sont sous la foi publique, et de toutes celles dont la garde leur aura été confiée par l'acte de leur nomination.

VI. Ils feront, affirmeront et déposeront leurs rapports devant le juge de paix de leur canton ou l'un de ses assesseurs, ou feront devant l'un ou l'autre leurs déclarations. Leurs rapports, ainsi que leurs déclarations, lorsqu'ils ne donneront lieu qu'à des réclamations pécuniaires, feront foi en justice pour tous les délits mentionnés dans la police rurale, sauf la preuve contraire.

VII. Ils seront responsables des dommages, dans le cas où ils négligeront de faire, dans les vingt-quatre heures, le rapport des délits.

VIII. La poursuite des délits ruraux sera faite, au plus tard, dans le délai d'un mois, soit par les parties lésées, soit par le procureur de la commune ou ses substituts, s'il y en a, soit par des hommes de loi commis à cet effet par la municipalité : faute de quoi il n'y aura pas lieu à poursuite.

TITRE DEUXIÈME.

De la police rurale.

Art. III. Tout délit rural, ci-après mentionné, sera punissable d'une amende ou d'une détention, soit municipale, soit correctionnelle, ou de détention et d'amende réunies, suivant les circonstances et la gravité du délit, sans préjudice de l'indemnité qui pourra être due à celui qui aura souffert

le dommage. Dans tous les cas, cette indemnité sera payable par préférence à l'amende.
L'indemnité et l'amende sont dues solidaire-
ment par les délinquans.

IV. Les moindres amendes seront de la
valeur d'une journée de travail au taux du
pays, déterminé par le directoire du département. Toutes les amendes ordinaires qui
n'excéderont pas la somme de trois journées
de travail, seront doubles en cas de récidive
dans l'espace d'une année ; ou si le délit a été
commis avant le lever ou après le coucher du
soleil, elles seront triples quand les deux circonstances précédentes se trouveront réunies;
elles seront versées dans la caisse de la municipalité du lieu.

V. Le défaut de paiement des amendes et
des dédommagemens ou indemnités n'entraî-
nera la contrainte par corps que vingt-quatre
heures après le commandement. La détention
remplacera l'amende à l'égard des insolva-
bles, mais sa durée en commutation de peine
ne pourra excéder un mois. Dans les délits
pour lesquels cette peine n'est point prononcée, et dans les cas graves où la détention est
jointe à l'amende, elle pourra être prolongée
du quart du temps prescrit par la loi.

VII. Les maris, pères, mères, tuteurs, maîtres, entrepreneurs de toute espèce, seront civilement responsables des délits commis par leurs femmes et enfans, pupilles, mineurs n'ayant pas plus de vingt ans et non mariés, domestiques, ouvriers, voituriers et autres subordonnés. L'estimation du dommage sera toujours faite par le juge de paix ou ses assesseurs, ou par des experts par eux nommés.

VIII. Les domestiques, ouvriers, voituriers ou autres subordonnés, seront à leur tour responsables de leurs délits envers ceux qui les emploient.

XXVII. Celui qui entrera à cheval dans les champs ensemencés, si ce n'est le propriétaire ou ses agens, paiera le dommage et une amende de la valeur d'une journée de travail; l'amende sera double si le délinquant y est entré en voiture. Si les blés sont en tuyaux et que quelqu'un y entre même à pied, ainsi que dans toute autre récolte pendante, l'amende sera au moins de la valeur de trois journées de travail, et pourra être d'une somme égale à celle due pour dédommagement au propriétaire.

XXX. Toute personne convaincue d'avoir,

de dessein prémédité, méchamment, sur le terroir d'autrui, blessé ou tué des bestiaux ou chiens de garde, sera condamnée à une amende double de la somme du dédommagement. Le délinquant pourra être détenu un mois, si l'animal n'a été que blessé; six mois, si l'animal est mort de sa blessure ou en est resté estropié ; la détention pourra être du double, si le délit a été commis la nuit , ou dans une étable, ou dans un clos rural.

XXXIX. Conformément au décret sur les fonctions de la gendarmerie nationale , tout dévastateur des bois, des récoltes, ou chasseur masqué, pris sur le fait , pourra être saisi par tout gendarme national, sans aucune réquisition d'officier civil.

XLI. Tout voyageur qui déclorra un champ pour se faire un passage dans sa route, paiera le dommage fait au propriétaire, et de plus une amende de la valeur de trois journées de travail, à moins que le juge de paix du canton ne décide que le chemin public était impraticable; et alors les dommages et frais de clôture seront à la charge de la communauté.

XLII. Le voyageur qui , par la rapidité de sa voiture ou de sa monture , tuera ou blessera des bestiaux sur les chemins, sera condamné à une amende égale à la somme du dédommagement dû au propriétaire des bestiaux.

Décret de la convention nationale du 20 messidor an 3, qui complète les attributions des gardes-champêtres.

Art. Ier. Il sera établi, immédiatement après la promulgation du présent décret, des gardes champêtres dans toutes les communes rurales de la république ; les gardes déjà nommés, dans celles où il y en a, pourront être réélus d'après le mode suivant.

II. Les gardes champêtres ne pourront être choisis que parmi les citoyens dont la probité, le zèle et le patriotisme seront généralement reconnus ; ils seront nommés par l'administration du district, sur la présentation des conseils généraux des communes ; leur traitement sera aussi fixé par le district d'après l'avis du conseil général, et réparti au marc la livre de l'imposition foncière.

III. Il y aura au moins un garde par commune, et la municipalité jugera de la nécessité d'y en établir davantage.

IV. Tout propriétaire aura le droit d'avoir pour ses domaines un garde champêtre ; il sera tenu de le faire agréer par le conseil général de la commune, et confirmer par le district ; ce droit ne pourra l'exempter néanmoins de contribuer au traitement du garde de la commune.

V. La police rurale sera exercée provisoirement par le juge de paix.

VI. Les gardes champêtres seront tenus de citer devant lui les citoyens pris en flagrant délit. Si le délinquant n'est pas domicilié et refuse de se rendre à la citation, le garde pourra requérir de la municipalité main forte, et les citoyens requis ne pourront se refuser d'obéir aux ordres qui leur seront donnés.

VII. Sur les indications administrées par les gardes champêtres, le juge de paix pourra autoriser des recherches, chez les personnes soupçonnées de vol, en présence de deux officiers municipaux.

VIII. Le juge de paix prononcera sans délai contre les prévenus, et jugera d'après les dispositions de la loi du 28 septembre 1791. La peine sera pécuniaire et ne pourra être moindre de la valeur de cinq journées de travail, outre la restitution de la valeur du dégât ou du vol qui aura été fait, sans préjudice des peines portées par le Code pénal, lorsque la nature du fait y donnera lieu; et, en ce cas, le juge de paix renverra au directeur du jury.

IX. Les jugemens prononcés seront exécutés dans la huitaine, à peine d'un mois de détention jusqu'au paiement, sans que la détention puisse excéder un mois nonobstant l'appel.

X. A l'égard des délits commis dans les forêts nationales et particulières, le prix de la restitution et de l'amende sera provisoirement déterminé par les tribunaux d'après la valeur actuelle des bois.

XI. La conservation des récoltes est mise sous la surveillance et la garde de tous les bons citoyens.

XII. Il sera placé à la sortie principale de chaque commune l'inscription suivante :

Citoyen,
Respecte les propriétés et les productions d'autrui ;
Elles sont le fruit de son travail et de son industrie.

XIII. La Convention Nationale décrète que le titre 2 de la loi du 6 octobre 1791, sur la

police rurale , sera imprimé de nouveau , et
placardé dans toutes les communes à la suite
du présent décret.

XIV. Les juges de paix, les municipalités,
les corps administratifs, les procureurs des
communes, sont responsables de l'exécution
de la présente loi.

XV. Lecture sera faite de la présente loi,
par les officiers municipaux, en présence du
peuple.

*Arrêté qui interdit la chasse dans les forêts
nationales, du 28 vendémiaire an 5.*

Le Directoire Exécutif, sur le rapport du
ministre des finances, considérant que le port
d'armes et la chasse sont prohibés dans les fo-
rets nationales et des particuliers, par l'ordonnance de 1669 et par la loi du 30 avril 1790 ;

Que l'article IV titre XXX de l'ordonnance de 1669 fait défenses à toutes personnes de chasser à feu, et d'entrer ou demeurer
de nuit dans les forêts domaniales , ni même
dans les bois des particuliers, avec armes à
feu , à peine de cent livres d'amende et de pu-
nition corporelle s'il y échoit, que les articles VIII et XII du même titre défendent d'y

prendre aucune aire d'oiseaux, et d'y détruire aucune espèce de gibier, avec engins, tels que tirasses, traîneaux, tonnelles, etc., sous les mêmes peines; que l'article premier de la loi du 30 avril 1790 défend à toutes personnes de chasser, en quelque temps et de quelque manière que ce soit sur le terrain d'autrui, sans préjudice de plus grands dommages-intérets s'il y échoit.

Arrête ce qui suit :

Art. Ier. La chasse, dans les forêts nationales, est interdite à tout particulier sans distinction.

II. Les gardes sont tenus de dresser, contre les contrevenans, les procès-verbaux, dans la forme prescrite, pour les autres délits forestiers, et de les remettre à l'agent national près de la ci-devant maîtrise de leur arrondissement.

III. Les prévenus seront poursuivis en conformité de la loi du 3 brumaire an 4, relative aux délits et aux peines, et seront condamnés aux peines pécuniaires prononcées par les lois ci-dessus citées.

IV. Le ministre des finances est chargé de l'exécution du présent arrêté, qui sera envoyé aux départemens, imprimé et affiché.

Arrêté concernant la chasse des animaux nuisibles, du 19 pluviôse an 5.

Le Directoire Exécutif, sur le rapport du ministre des finances, considérant que l'arrêté du 28 vendémiaire dernier, portant défenses de chasser dans les forêts nationales, ne doit mettre aucun obstacle à l'exécution des règlemens qui concernent la destruction des loups et autres animaux voraces ;

Que l'ordonnance de janvier 1583, article XIX, enjoint aux agens forestiers de rassembler un homme par feu de leur arrondissement, avec armes et chiens propres à la chasse aux loups, trois fois l'année, aux temps les plus commodes ;

Que celles de 1600 et de 1601, ainsi que les arrêts du ci-devant Conseil, des 6 février 1697 et 14 janvier 1698, leur enjoignent de contraindre les sergens louvetiers à chasser aux loups, renards et autres animaux nuisibles, et de veiller à ce que cette chasse soit faite de trois mois en trois mois, ou plus souvent, suivant qu'il en sera besoin, par ceux qui avaient le droit exclusif de chasse dans leurs terres,

Arrête ce qui suit :

Art. Iᵉʳ. L'arrêté du 28 vendémiaire dernier, relatif à la prohibition de chasser dans les forêts nationales, continuera d'être exécuté.

II. Néanmoins il sera fait, dans les forêts nationales et dans les campagnes, tous les trois mois, et plus souvent s'il est nécessaire, des chasses et battues générales ou particulières, aux loups, renards, blaireaux et autres animaux nuisibles.

III. Les chasses et battues seront ordonnées par les administrations centrales des départemens, de concert avec les agens forestiers de leur arrondissement, sur la demande de ces derniers et sur celle des administrations municipales de canton.

IV. Les battues ordonnées seront exécutées sous la direction et la surveillance des agens forestiers, qui régleront, de concert avec les administrations municipales de canton, les jours où elles se feront, et le nombre d'hommes qui y seront appelés.

V. Les corps administratifs sont autorisés à permettre aux particuliers de leur arrondissement qui ont des équipages et autres moyens pour ces chasses, de s'y livrer sous l'inspection et la surveillance des agens forestiers.

VI. Il sera dressé procès-verbal de chaque battue, du nombre et de l'espèce des animaux qui y auront été détruits ; un extrait en sera envoyé au ministre des finances.

VII. Il lui sera également envoyé un état des animaux détruits par les chasses particulières mentionnées en l'article V, et même par les piéges tendus dans les campagnes par les habitans ; à l'effet d'être pourvu, s'il y a lieu, sur son rapport, au paiement des récompenses promises par l'art. XX, section IV du code rural, et le décret du 11 ventôse an 3.

Loi relative à la destruction des loups, du 10 messidor an 5.

Le Conseil des Anciens, adoptant les motifs de la déclaration d'urgence qui précède la résolution ci-après, approuve l'acte d'urgence.

Suit la teneur de la déclaration d'urgence et de la résolution du 9 messidor.

Le Conseil des Cinq Cents, après avoir entendu sa commission spéciale nommée sur le message du Directoire Exécutif, du 11 brumaire dernier;

Considérant que, depuis plus d'une année, des plaintes multipliées arrivent des départemens, sur les dévastations que commettent les loups; qu'il est intéressant d'atténuer, autant que possible, un fléau aussi terrible pour les troupeaux que pour les habitans des campagnes; voulant légitimer les mesures prises par le ministre de l'intérieur pour en arrêter le cours,

Déclare qu'il y a urgence.

Le Conseil, après avoir déclaré l'urgence, prend la résolution suivante :

Art. Ier. Les fonds accordés provisoirement aux administrations départementales pour la destruction des loups par ordre du ministre de l'intérieur, seront alloués à ce ministre, sauf par lui de justifier de l'emploi.

II. La loi du 11 ventôse an 3 est abrogée, et à l'avenir, par forme d'indemnité et d'encouragement, il sera accordé à tout citoyen une prime de cinquante livres par chaque tête de louve pleine, quarante livres par chaque tête de loup, et vingt livres par chaque tête de louveteau.

III. Lorsqu'il sera constaté qu'un loup, enragé ou non, s'est jeté sur des hommes ou enfans, celui qui les tuera aura une prime de cent cinquante livres.

IV. Celui qui aura tué un de ces animaux et voudra toucher l'une des primes énoncées dans les deux articles précédens, sera tenu de se présenter à l'agent municipal de la commune la plus voisine de son domicile, et d'y faire constater la mort de l'animal, son âge et son sexe; si c'est une louve, il sera dit si elle est pleine ou non.

V. La tête de l'animal et le procès-verbal dressé par l'agent municipal seront envoyés à l'administration départementale, qui délivrera un mandat sur le receveur du département, sur les fonds qui seront, à cet effet, mis entre ses mains, par ordre du ministre de l'intérieur.

VI. Le Directoire Exécutif est autorisé à laisser subsister, et même à former, s'il y a lieu, des établissemens pour la destruction des loups.

VII. La présente résolution sera imprimée.

Extrait de l'arrêté qui détermine les fonctions du Préfet de Police de Paris, du 12 messidor an 8.

ART. XVII. Il recevra les déclarations, et délivrera les permissions pour port d'armes à feu, pour l'entrée et sortie de Paris avec fusil de chasse.

Ordonnance du Préfet de Police, sur le port d'armes, du 7 brumaire an 9.

Le préfet de police,

Vu les arrêtés des Consuls des 21 messidor an 8 et 2 brumaire présent mois,

Ordonne ce qui suit :

ART. Ier. Tous les permis de port d'armes, accordés jusqu'à ce jour par les sous-préfets ou les maires du département de la Seine, et les maires des communes de Saint-Cloud, Sèvres et Meudon, et même ceux accordés à la préfecture de police, sont et demeurent annullés.

II. Tout citoyen, désirant jouir ou continuer de jouir du port d'armes, même des fusils de chasse, devra se présenter à la préfecture de police pour en obtenir l'autorisation,

qui

qui ne sera accordée que sur les certificats des maires ou commissaires de police, et *sur leur responsabilité.*

III. Toutes personnes portant des armes, et qui ne se seront pas conformées aux dispositions des deux articles précédens, seront arrêtées et conduites à la préfecture de police.

IV. Le général commandant les quinzième et dix-septième divisions militaires, le général commandant d'armes de la place de Paris, les capitaines de la gendarmerie nationale dans les départemens de la Seine et de Seine-et-Oise, sont requis de donner tous les ordres nécessaires pour la stricte exécution de la présente ordonnance, qui sera imprimée et affichée dans toute l'étendue du département de la Seine et dans les communes de Saint-Cloud, Sèvres et Meudon.

Le préfet, signé **DUBOIS.**

Décret relatif aux chasses et à la louveterie, du 8 fructidor an 12.

Dispositions générales.

Art. Ier. La surveillance et la police des chasses dans toutes les forêts impériales sont dans les attributions du grand-veneur de la couronne.

II. La louveterie fait partie des mêmes at-tributions.

III. Les conservateurs, les inspecteurs et gardes forestiers recevront les ordres du grand-veneur pour tout ce qui a rapport aux chasses et à la louveterie.

Règlement relatif aux chasses dans les forêts et bois des domaines de l'Empire, du 1ᵉʳ germinal an 13.

Dispositions générales.

Aʀᴛ. Iᵉʳ. Tout ce qui a rapport à la police des chasses est dans les attributions du grand-veneur de la couronne, conformément au décret impérial du 8 fructidor an 12.

II. Le grand-veneur donne ses ordres aux vingt-huit conservateurs forestiers, pour tous les objets relatifs aux chasses; il en prévient en même temps l'administration générale des forêts

III. Il est défendu à qui que ce soit de prendre ou de tuer, dans les forêts et bois im-périaux, les cerfs et les biches.

IV. Les conservateurs, inspecteurs, sous-inspecteurs et gardes forestiers, sont spécialement chargés de la conservation des chasses, sous les ordres du grand-veneur, sans que ce service puisse les détourner de leurs fonctions de conservateurs des forêts et bois impériaux. Tout ce qui a rapport à l'administration de ces bois et forêts reste sous la surveillance directe de l'administration forestière, et dans les attributions du ministre des finances.

V. Les permissions de chasse ne seront accordées que par le grand-veneur; elles seront signées de lui, enregistrées au secrétariat de la venerie, et visées par le conservateur dans l'arrondissement duquel ces permissions auront été accordées.

Le conservateur enverra au préfet et au commandant de la gendarmerie le nom de l'individu dont il aura visé la permission.

Les demandes de permission seront adressées, soit au grand-veneur, soit aux conservateurs qui les lui feront parvenir. Ces permissions ne seront accordées que pour la saison des chasses, et seront renouvelées chaque année, s'il y a lieu.

VI. Il sera accordé deux espèces de permissions de chasses; celle de chasse à tir, et celle de chasse à courre.

VII. Tous les individus qui auront obtenu

des permissions de chasse , sont invités à employer ces permissions à la destruction des animaux nuisibles , comme les loups , les renards, les blaireaux , etc. ; ils feront connaître au conservateur des forêts le nombre de ces animaux qu'ils auront détruits, en lui envoyant la pate droite. Par là, ils acquerront des droits à de nouvelles permissions, l'intention du grand veneur étant de faire contribuer le plaisir de la chasse à la prospérité de l'agriculture et à l'avantage général.

VIII. Les conservateurs et inspecteurs forestiers, et les conservateurs des chasses, veilleront à ce que les lois et les règlemens sur la police des chasses, et notamment le décret du 3o avril 1790, soient ponctuellement exécutés. Ceux qui chasseront sans permission seront poursuivis conformément aux dispositions de ce décret.

TITRE PREMIER.

Chasse à tir.

Art. Ier. Les permissions de chasse à tir commenceront, pour les forêts impériales, le premier vendémiaire, et seront fermées le quinze ventose.

II. Ces permissions ne pourront s'étendre

à d'autre gibier qu'à celui dont elles contien-dront la désignation.

III. L'individu qui aura obtenu une permission de chasse ne doit se servir que de chiens couchans et de fusil.

IV. Les battues ou traquets, les chiens courans, les lévriers, les furets, les lacets, les panneaux, les piéges de toute espèce, et enfin tout ce qui tendrait à détruire le gibier par d'autres moyens que celui du fusil, est défendu.

V. Les gardes-forestiers redoubleront de soins et de vigilance dans le temps des pontes et dans celui où les bêtes fauves mettent bas leurs faons.

TITRE II.

Chasse à courre.

ART. Ier. Les permissions de chasse à courre seront accordées de la manière mentionnée à l'art. V des dispositions générales.

II. Elles seront données de préférence aux individus que leur goût et leur fortune peuvent mettre à même d'avoir des équipages, et de contribuer à la destruction des loups, des renards et blaireaux, en remplissant l'objet de leurs plaisirs.

III. Les chasses à courre, dans les forêts et dans les bois impériaux, seront ouvertes le premier vendémiaire, et seront fermées le premier floréal.

IV. Les individus auxquels il aura été accordé des permissions pour la chasse à courre, obtiendront des droits au renouvellement de ces permissions, en prouvant qu'ils ont travaillé à la destruction des renards, loups, blaireaux et autres animaux nuisibles, ce qu'ils feront constater par les conservateurs forestiers.

Organisation de la louveterie ; du premier germinal an 13.

La louveterie est dans les attributions du grand veneur. (Décret du 8 fructidor an 12.)

« Le grand veneur donne des commissions honorifiques de capitaine général, de capitaine et de lieutenant de louveterie, dont il détermine les fonctions et le nombre par conservation forestière et par département, dans la proportion des bois qui s'y trouvent et des loups qui les fréquentent.

« Ces commissions sont renouvelées tous les ans.

« Les dispositions qui peuvent être faites par suite des différens arrêtés concernant les animaux nuisibles, appartiennent à ses attributions. » (Attributions des grands officiers de la couronne, articles XVI et XVIII du grand veneur.)

Les capitaines et lieutenans de louveterie reçoivent les instructions et les ordres du grand veneur pour tout ce qui concerne la chasse des loups.

Ils sont tenus d'entretenir à leurs frais un équipage de chasse composé au moins d'un piqueur, deux valets de limier, un valet de chiens, dix chiens courans, et quatre limiers.

Ils seront tenus de se procurer les piéges nécessaires pour la destruction des loups, renards, et autres animaux nuisibles dans la proportion des besoins.

Dans les endroits que fréquentent les loups, le travail principal de leur équipage doit être de les détourner, d'entourer les enceintes avec les gardes forestiers, et de les faire tirer au lancé ; on découple, si cela est jugé nécessaire, car on ne peut jamais penser à détruire les loups en les forçant. Au surplus, ils doivent présenter toutes leurs idées pour parvenir à la destruction de ces animaux.

Dans le temps où la chasse à courre n'est plus permise, ils doivent particulièrement s'occuper à faire tendre des piéges avec les précautions d'usage, faire détourner les loups, et, après avoir entouré les enceintes de gardes, les attaquer à traits de limier, sans se servir de l'équipage qu'il est défendu de découpler; enfin, faire rechercher avec grand soin les portées de louves.

Ils feront connaître ceux qui auront découvert des portées de louveteaux. Il sera accordé pour chaque louveteau une gratification, qui sera double, si on parvient à tuer la louve.

Quand les capitaines, les lieutenans de louveterie, ou les conservateurs des forêts, jugeront qu'il serait utile de faire des battues, ils en feront la demande au préfet, qui pourra lui-même provoquer cette mesure. Ces chasses seront alors ordonnées par le préfet, commandées et dirigées par le capitaine et par les lieutenans de louveterie qui, de concert avec lui et le conservateur, fixeront le jour, détermineront les lieux et le nombre d'hommes. Le préfet en préviendra le ministre de l'intérieur, et le capitaine de louveterie le grand veneur.

Tous les habitans sont invités à tuer les loups sur leurs propriétés ; ils en enverront les certificats aux capitaines ou lieutenans de louveterie de la conservation forestière, lesquels les feront passer au grand veneur, qui fera un rapport au ministre de l'Intérieur, à l'effet de faire accorder des récompenses.

Les capitaines et lieutenans de louveterie feront connaître journellement les loups tués dans leur arrondissement, et, tous les ans, enverront un état général des prises.

Tous les trois mois, ils feront parvenir au grand veneur un état des loups présumés fréquenter les forêts soumises à leur surveillance.

Les préfets sont invités à envoyer les mêmes états, d'après les renseignemens particuliers qu'ils pourraient avoir.

Attendu que la chasse du loup, qui doit occuper principalement les capitaines et lieutenans de louveterie, ne fournit pas toujours l'occasion de tenir les chiens en haleine, ils ont le droit de chasser à courre, deux fois par mois, dans les forêts impériales faisant partie de leur arrondissement, le chevreuil-brocard, le sanglier ou le lièvre, suivant les localités. Sont exceptés les forêts et les bois

du domaine impérial de leur arrondissement, dont la chasse est particulièrement
donnée par l'Empereur aux princes ou à
toute autre personne.

Il leur est expressément défendu de tirer
sur le chevreuil et le lièvre; le sanglier est
excepté de cette disposition, dans le cas seulement où il tiendrait aux chiens.

Ils seront tenus de faire connaître, chaque
mois, le nombre d'animaux qu'ils auront forcés.

Les commissions de capitaine et de lieutenant de louveterie seront renouvelées tous
les ans; elles seront retirées, dans le cas où
les capitaines et lieutenans n'auraient pas
justifiés de la destruction des loups.

Tous les ans, au premier prairial, il sera
fait, sur le nombre des loups tués dans l'année, un rapport général.

L'uniforme sera déterminé par un règlement ultérieur.

*Ordonnance du préfet de police, concernant
la chasse, du 15 fructidor an 13.*

Le conseiller, chargé du quatrième arrondissement de la police générale de l'empire,
préfet de police, et l'un des commandans de
la Légion-d'honneur;

Vu la loi du 30 avril 1790 ;

Les arrêtés des 12 messidor an 8 et 3 brumaire an 9, l'avis des sous-préfets de Sceaux et de Saint-Denis, et des membres de la Société Royale de l'Agriculture ;

Ordonne ce qui suit :

Art. Ier. La chasse sera ouverte, cette année, le premier vendémiaire an 14, dans le ressort de la préfecture de police.

Il est défendu de chasser avant ladite époque, même sous prétexte de tirer des hirondelles le long des rivières ; il est également défendu de chasser dans les vignes avant que les vendanges soient entièrement terminées.

II. Nul ne peut chasser, s'il n'a obtenu un permis de port d'armes à la préfecture de police.

Il n'en sera délivré qu'aux propriétaires, fermiers ou porteurs d'une permission accordée par un propriétaire. Les propriétaires ou fermiers justifieront de l'étendue de la propriété, par un certificat du maire de la commune où les biens sont situés.

Les permissions accordées par les propriétaires indiqueront également l'étendue de la propriété, et seront visées par le maire. Tous les permis de port d'armes antérieurs à la date de la présente ordonnance seront annulés à compter du premier vendémiaire prochain.

III. Les permis de port d'armes ne donnant pas le droit de chasse, les porteurs de semblables permis ne pourront chasser hors du canton où seront situés leurs biens, ou ceux des propriétaires qui leur auront donné la faculté de chasser.

IV. Tous ceux qui sortiront de Paris avec des fusils de chasse, devront exhiber leur permis de port d'armes aux préposés de l'octroi aux barrières.

V. Tout chasseur sera tenu de justifier de son permis à la première réquisition des gendarmes, des gardes-champêtres et de tout agent de l'autorité publique.

VI. Il sera pris, envers les contrevenans aux dispositions ci-dessus, telles mesures de police administrative qu'il appartiendra, sans préjudice de poursuites à exercer contre eux par-devant les tribunaux, conformément aux lois et aux règlemens qui leur sont applicables.

VII. La présente ordonnance sera imprimée, publiée et affichée. Les sous-préfets des arrondissemens de Saint-Denis et de Sceaux, les maires et adjoints des communes rurales du ressort de la préfecture de police, les commissaires de police à Paris, l'inspecteur - général du quatrième arrondissement de la police générale du royaume, les officiers de paix, les gardes-champêtres, et les préposés de la préfecture de police, sont chargés, chacun en ce qui le concerne, d'en surveiller l'exécution.

Décret contenant des dispositions pénales contre ceux qui chassent sans permis de port d'armes, du 4 mai 1812.

Art. Ier. Quiconque sera trouvé chassant, et ne justifiant point d'un permis de port d'armes de chasse, délivré conformément à notre décret du 11 juillet 1810 (1), sera tra-

---

(1) Ce décret charge l'administration de l'enregistrement et des domaines de fournir les permis de port d'armes de chasse, et en fixe le prix à 30 francs ; mais la loi du 28 avril 1816 sur les finances réduit ce prix à 15 francs.

Les décrets des 22 mars 1811 et 12 mars 1813, accordaient aux membres de la Légion-d'honneur des permis de port d'armes, moyennant la rétribution d'un franc ; mais cette exception a été supprimée par l'ordonnance du Roi, du 17 juillet 1816, attendu que la loi du 28 avril précédent ne l'avait pas consacrée.

duit devant le tribunal de police correctionnelle, et puni d'une amende qui ne pourra
être moindre de 3o fr., ni excéder 6o fr.

II. En cas de récidive, l'amende sera de
6ı francs au moins, et de 2oo francs au plus;
le tribunal pourra, en outre, prononcer un
emprisonnement de six jours à un mois.

III. Dans tous les cas, il y aura lieu à la
confiscation des armes; et, si elles n'ont pas
été saisies, le délinquant sera condamné à les
rapporter au greffe, ou à en payer la valeur
suivant la fixation qui en sera faite par le
jugement, sans que cette fixation puisse être
au dessous de 5o francs.

IV. Seront, au surplus, exécutées les dispositions de la loi du 3o avril 1790, concernant
la chasse, laquelle loi sera publiée dans les
départemens où elle ne l'a pas encore été.

V. Notre grand juge, ministre de la justice,
et notre ministre de la police générale, etc.

SECTION III.

DE LA DESTRUCTION DES ANIMAUX NUISIBLES.

Comme il est du devoir d'un garde de

veiller à la conservation du gibier, nous devons faire connaître quels sont ses ennemis, et les moyens que l'industrie de l'homme a créés pour les détruire. Les animaux carnassiers et les oiseaux de proie sont, en effet, le plus grand obstacle à la propagation; et le soin le plus important, pour la favoriser, est de leur faire une guerre à mort aussitôt qu'il en paraît un dans un canton.

Mais ce n'est pas seulement comme destructeurs du gibier que quelques-uns des animaux nuisibles méritent que l'on s'arme contre eux; c'est encore parce qu'ils portent la désolation dans les campagnes, soit en mettant à mort les animaux domestiques qui sont la richesse de l'agriculture, soit en attaquant les femmes et les enfans, et même le paisible laboureur occupé à ses travaux rustiques. Dans une telle circonstance, l'intérêt public commande à tous les hommes de concourir à leur destruction.

Les espèces malfaisantes, contre lesquelles nous appelons l'attention des chasseurs, se divisent naturellement en deux classes : les quadrupèdes et les oiseaux de proie.

§. Ier. *Des quadrupèdes.*

Les quadrupèdes nuisibles dans l'intérêt de la population, de l'agriculture ou de la conservation des chasses, sont l'ours, le loup, le renard, le blaireau, le chat sauvage, la loutre, le putois, la belette, la fouine, le loir, l'hermine et le rat (1).

Nous allons indiquer sommairement les dégâts que cause chacun de ces animaux, et décrire ensuite les piéges que l'on leur tend.

De l'ours. Cet animal, que l'on ne voit en France que sur les hautes montagnes, est peu nuisible en raison de sa rareté. Il se nourrit de substances végétales et animales; il cause de grands dégâts dans les forêts de châtaigniers dont il aime beaucoup les fruits, ainsi que les groseilles et les framboises. Il est très-friand de miel; et comme en le mangeant avidement, il avale aussi les abeilles, il détruit souvent les ruches. Lorsqu'il est pressé par la faim, il descend des montagnes et vient se

---

(1) On pourrait y ajouter le sanglier qui dévaste les campagnes, et détruit les faons, les lapereaux, les levrauts, et les œufs des perdrix et autres oiseaux.

jeter sur les animaux domestiques ; et, quoique généralement il n'attaque pas l'homme, il existe cependant de ces animaux qui, habitués au carnage, s'élancent sur les chasseurs, les voyageurs et les gardiens de troupeaux. La chasse au fusil, est la seule qu'on lui fasse. (Voyez ci-après l'article loup.)

Du loup. De tous les animaux nuisibles, le loup est le plus dangereux, au moins dans notre pays. Aucune considération ne peut intercéder en sa faveur, et, tout, au contraire, exige qu'il soit à jamais proscrit. Aussi, est-ce contre lui que l'on a le plus imaginé de piéges. Lorsqu'il est pressé par la faim, ou enragé, il devient très à craindre pour l'homme ; et, dans son état le plus ordinaire, il est un fléau pour l'agriculture dont il ruine le menu bétail, et en devient un aussi pour le gibier auquel il fait une chasse fort destructive ; sa voracité le porte à manger de la chair corrompue, aussi bien que celle des victimes qu'il vient d'égorger.

A notre avis, le moyen le plus prompt comme le plus sûr de le détruire, et qui entraîne le moins d'inconvéniens, est le fusil ; cependant, il en est quelques autres que l'on peut employer avec avantage ; c'est surtout

ceux que nous allons faire connaître, et nous
ne ferons qu'indiquer rapidement ceux dont
l'usage expose à quelque danger.

Du traquenard. On fait des traquenards
de trois formes différentes; voyez les pl. II,
III, et IV.

Celui que représente la pl. II, est un traquenard double à bascule, détendu. Toutes
les pièces sont en fer, excepté la bascule F qui
est en bois. Pour le tendre, il faut baisser les
ressorts AA dont l'œil c maintient fermées
les branches mobiles BB. Comme ces ressorts opposent une grande résistance, on les
serre au moyen des vis nn, qui donnent la
faculté de tendre le piége sans danger. Les
deux ressorts baissés, les branches mobiles
BB, tombent de chaque côté sur la bande
de fer EE, qui forme la base du traquenard.
Elles sont fixées dans les oreilles dd, au moyen
de clous rivés sur lesquels elles tournent librement. Ces branches BB sont garnies en
dedans d'une petite pièce de fer i, qui sert à
les maintenir ouvertes, lorsqu'elle est engagée sous l'arrêt K qui tient de chaque côté à
l'axe de la bascule F. Une fois les deux branches BB bien assujetties, et un appât convenable attaché sur la bascule avec un clou,

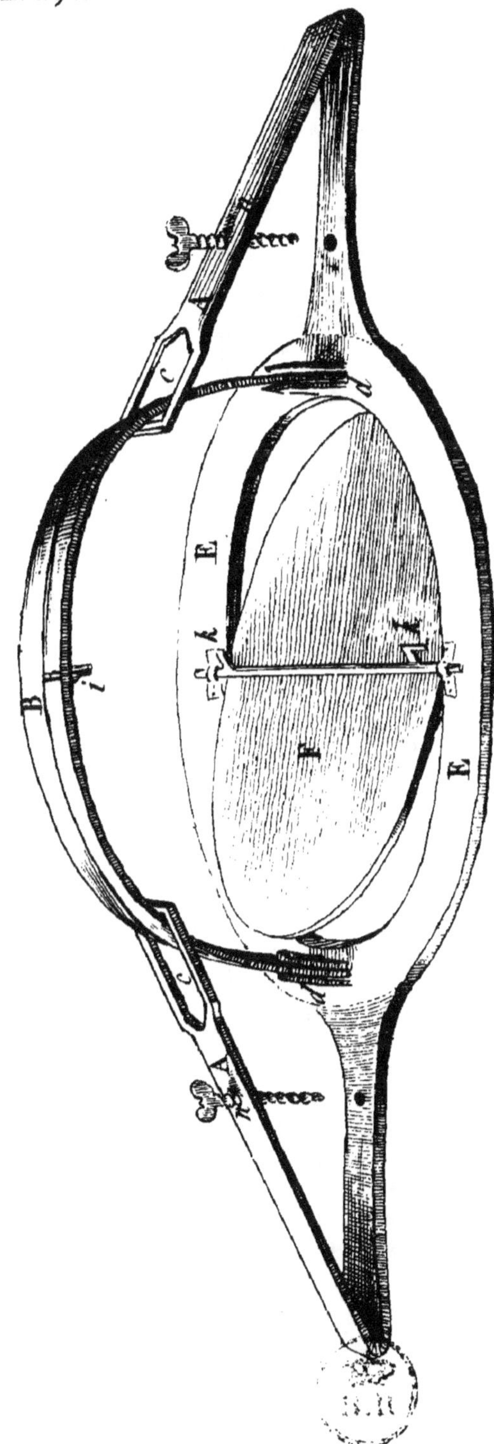
A
B
C
D
E
E
E
F
i
k
k
l
l

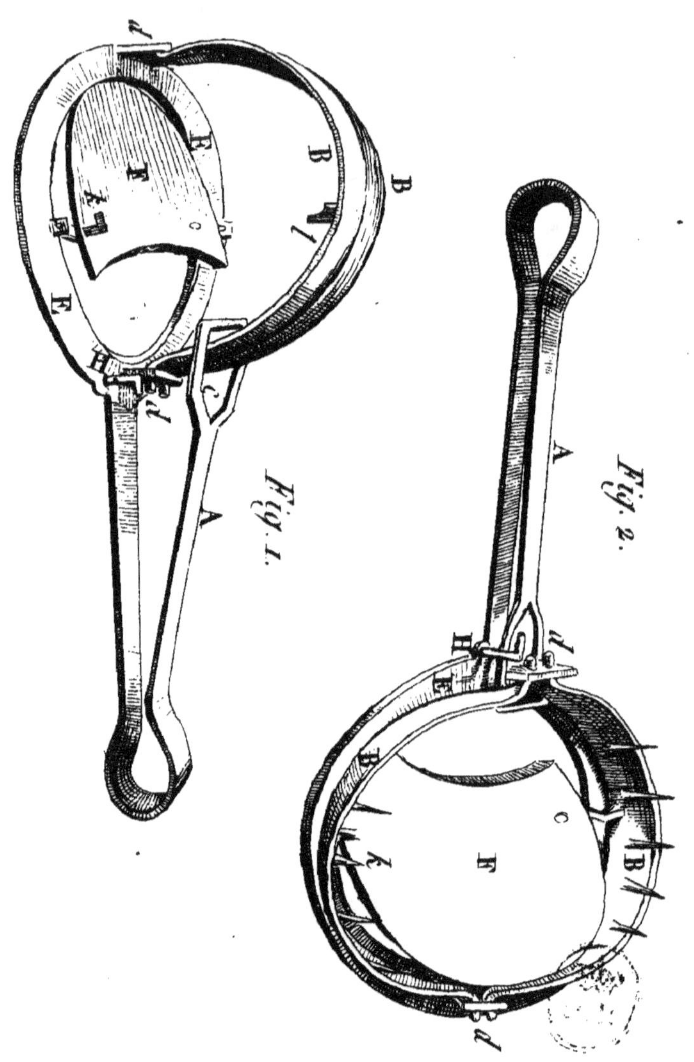
Fig. 1.
Fig. 2.

on desserre doucement les vis *nn*, et le piége est tendu.

Pour que la bascule **F** puisse tourner sur son axe, il faut creuser la terre sous le piége, de façon à lui donner tout le jeu nécessaire. On a encore l'habitude de faire une forme pour y loger le traquenard, afin qu'il soit de niveau avec le terrain.

Le loup, en voulant s'emparer de l'appât, ou en passant sur le piége, fait tourner la bascule; les arrêts *kk* laissent échapper les branches **BB**, qui, n'étant plus contenues, obéissent à l'effort des ressorts, et se ferment avec violence en retenant l'animal ou par le cou ou par une jambe.

Le traquenard, fig. Ire, pl. III, ne diffère de celui-ci que parce qu'il n'a qu'un ressort **A**; c'est, du reste, le même mécanisme, la même manière de le tendre, et son usage n'est pas moins commode. Il est représenté détendu; on le voit tendu dans la figure 2 de la même planche.

On voit en **H**, fig. 1re, un crochet de sûreté que l'on nomme *valet;* il est rivé sur la bande de fer **E**, et se tourne librement. Il sert à maintenir le ressort lorsqu'on tend le piége, afin de pouvoir le faire sans danger.

Les branches **BB** du traquenard double ou simple sont quelquefois armées de pointes de fer, comme l'indiquent celles de la fig. 2, pl. III.

La pl. IV offre la troisième espèce de traquenard, avec ses différentes pièces désassemblées.

La fig. 1re le représente détendu; **A** est le ressort dessiné à part, fig. 2; chacune de ses extrémités *aa* est engagée dans les branches mobiles du traquenard, ce qu'on voit, fig. 1 et 11, aux points marqués *aa*; c'est cette pièce, dont les branches sont écartées de force pour tendre le piége, qui oblige le traquenard à se fermer aussitôt que le moyen qui maintient l'écartement a cessé.

La fig. 3 représente la détente; elle est formée de deux plaques de fer fixées l'une sur l'autre, au moyen de trois vis qui assujettissent, en même temps, entre elles deux, les pièces des fig. 4, 5 et 6, lesquelles conservent tout le jeu nécessaire pour tourner librement.

La fig. 4 est la gâchette; on la voit en *a*, fig. 3; la vis qui la fixe passe dans le trou *a*, fig. 4; cette gâchette retient par son cran *c* la partie *a* de la fig. 5, fixée elle-même par une

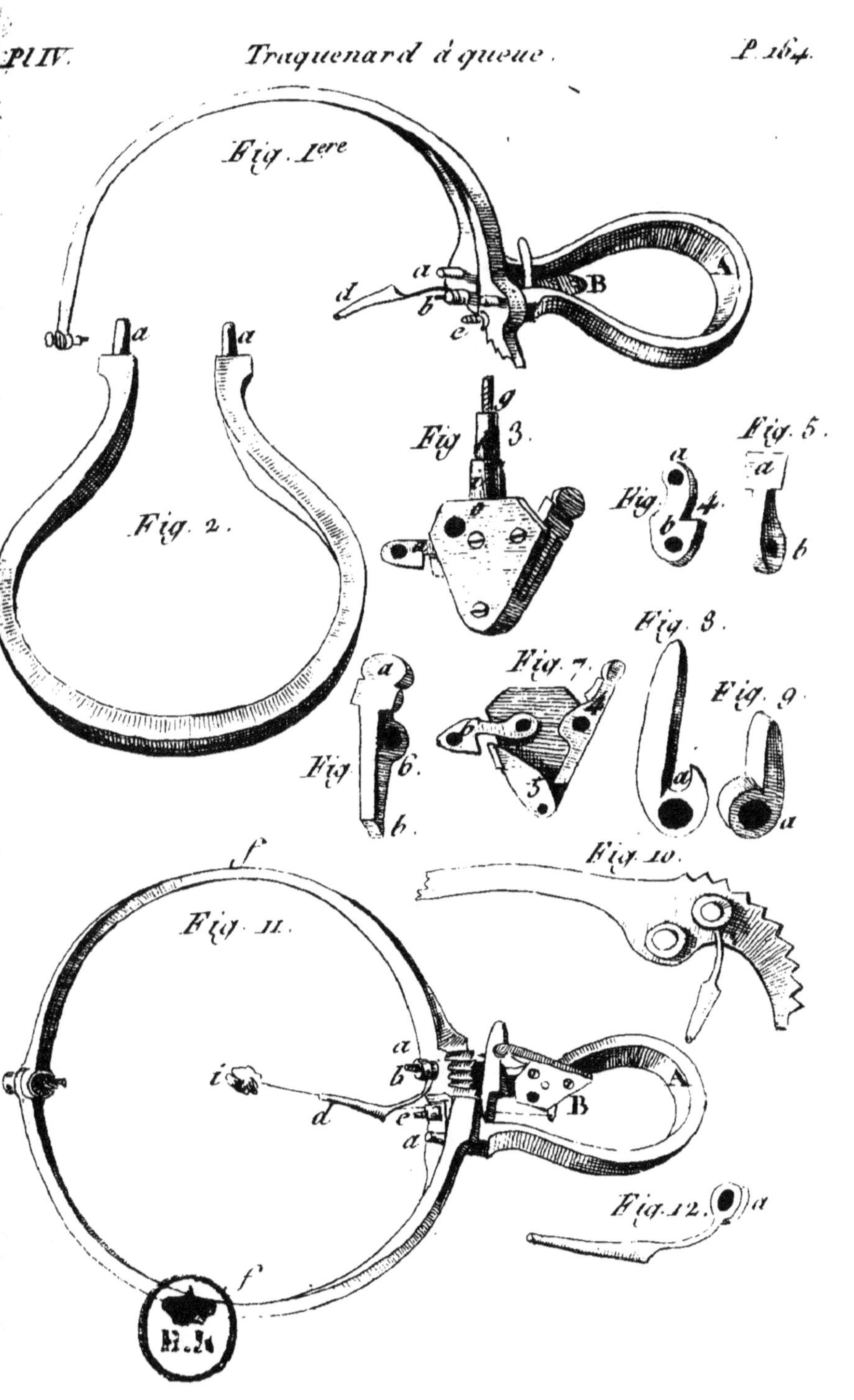
Fig. 1ere
a
d
b
e
A
B
Fig. 2
a
a
Fig. 3
g
Fig. 4
a
b
Fig. 5
a
b
Fig. 6
a
b
Fig. 7
b
3
Fig. 8
a
Fig. 9
a
Fig. 10
Fig. 11
f
a
b
i
d
e
a
A
B
f
Fig. 12
a

vis qui passe dans le trou *b.* Cette pièce contient la partie *b* de la fig. 6, qui pèse dessus;
tandis que sa partie *a* arrête la pièce, fig. 8,
qui se trouve repoussée par la pièce, fig. 9,
laquelle, entrant dans le cran *a* de la fig. 8,
produit l'écartement du ressort.

La fig. 10 représente la portion d'une des
branches du traquenard tournée du côté où
est le ressort, et vue intérieurement.

La détente est placée entre les branches du
ressort **A**, voyez en **B**, fig. 1 et 11, et se
trouve assujettie sur la branche droite du traquenard, au moyen de son prolongement,
g h i, fig. 3, qui, après être passé par le trou
a de la pièce, fig. 9, traverse l'épaisseur de la
branche du traquenard, reçoit la douille *a* du
cliquet, fig. 12, et enfin un écrou, qui,
vissé sur sa partie *g*, fixe le tout solidement.
Les fig. 1 et 11 l'indiquent au point *b.*

La fig. 8 est fixée à la branche gauche du traquenard, au moyen d'une vis qui reçoit également un écrou; ce qui se voit en *e*, fig. 1 et
11.

La fig. 11 représente le traquenard tendu.
Pour **y** parvenir, il faut écarter avec force
les deux demi-cercles *f f;* aussitôt que l'écartement est suffisant, on lève la pièce, fig. 8,

on engage dans son cran l'extrémité supérieure de la fig. 9, on rabat alors la pièce,
fig. 8 ; par dessus, s'applique l'extrémité a de
la fig. 6, dont l'autre bout pose sur l'extrémité b de la fig. 5, qui est maintenue immobile par la gâchette, fig. 4. Ces trois pièces
sont alors placées dans la détente, comme
l'indiquent les n° 4, 5 et 6, fig. 7. On passe,
dans le cliquet d, fig. 11, une ficelle arrêtée
au trou b de la gâchette, fig. 4, et on y attache l'appât i. Pour manier ce piége sans
crainte, il faut, aussitôt qu'il est tendu, passer une broche de fer dans le trou o qui se
voit à la détente, fig. 3 ; elle rend la gâchette
immobile et évite les accidens. On a soin de
retirer cette broche aussitôt que le piége est
tout-à-fait disposé.

Lorsque le loup venant à saisir l'appât i,
fig. 11, fait échapper la gâchette, alors toutes
les pièces de la détente cèdent aussitôt les
unes aux autres ; et les demi-cercles ff,
obéissant à la force du ressort qui tend à se
resserrer, se ferment vivement et retiennent
tout ce qui se trouve entre eux.

On tend les traquenards dans les bois et
dans les terres labourées ; on les cache dans
les bois sous des feuilles et de l'herbe sèche ,

et dans les terres labourées on les recouvre de deux ou trois pouces de terre légère, que l'on dispose d'une manière semblable au terrain environnant. Il faut avoir la précaution de garantir la détente du dernier piége surtout, le plus possible, afin d'empêcher que quelque feuille ou brin d'herbe, ou enfin de la terre, en s'y introduisant, n'en empêche le jeu. Le loup est tellement méfiant, et son odorat est si fin, que, quelque soin que l'on prenne de lui dérober la vue du traquenard, et malgré l'appât qu'on lui présente, il n'en approchera pas, pour peu qu'il reconnaisse le sentiment d'un homme. La meilleure manière de le dérober à l'animal est de se chausser avec des sabots, de revenir par le même chemin par lequel on est allé, et, en se retirant, d'effacer les traces des pas avec un rateau. Quelques personnes conseillent de frotter la semelle des souliers avec un hareng saur, et de s'imprégner également les mains de l'odeur de ce poisson, qui attire très-bien les loups. En Allemagne, on emploie ce moyen contre les renards. On peut aussi frotter la semelle des souliers avec de la chair en putréfaction.

Le loup éventant plus facilement la corde

que le fer, il est essentiel d'attacher le piége avec une chaîne. Dans les bois, on trouve aisément un moyen de le fixer ; mais, dans les terres labourées, il faut se munir d'un pieu et d'un maillet pour l'enfoncer.

Comme on est obligé de manier le piége pour le tendre, et que le fer garde toujours un peu le sentiment des mains, il faut, ainsi que nous venons de le dire, se servir de gants frottés avec un hareng saur. Comme il importe beaucoup d'entretenir le traquenard sans rouille, nous conseillons de le frotter avec un morceau de drap pénétré de graisse de porc ou de volaille, ce qui le garantit de l'effet de l'humidité. Lorsque l'on s'en sert, on le frotte de nouveau ; et, lorsqu'il est tendu, on l'essuie partout avec le même chiffon gras ; il est bien difficile alors que le piége puisse avoir une autre odeur que celle de la graisse qui est capable d'attirer le loup. Nous ne reproduirons pas ici une recette que l'on trouve dans les vieux auteurs pour composer une pommade propre à graisser le piége et la semelle des souliers, afin de mieux déguiser l'odeur de l'homme ; les moyens que nous venons d'indiquer sont simples et suffisans.

Pour attirer le loup plus sûrement vers le piége

piége, on peut traîner, dans les environs de l'endroit qu'il fréquente, une charogne que l'on attache avec des harts, et que l'on laisse ensuite dans un lieu écarté et commode au placement du piége. Si l'on s'aperçoit que le loup y ait touché, on peut alors tendre un traquenard dans le même endroit, et l'appâter avec un morceau de la charogne que l'on enlève, afin qu'il ne trouve que le morceau qui tient au piége. On assure qu'un hareng saur, traîné avec une ficelle aux alentours du traquenard, y attire sûrement le loup.

Si l'on avait une demi-douzaine de traquenards, on pourrait les employer utilement en les tendant en cercle; on place au milieu un pieu fortement fixé en terre, et sur lequel on assujettit une mauvaise roue de voiture. On attache sur cette roue un agneau dont les bêlemens attirent bientôt le loup. Celui-ci, en voulant s'approcher pour atteindre sa proie, se prend à l'un des traquenards tendus à l'entour.

L'usage des traquenards n'est pas sans inconvéniens; il peut arriver qu'on y prenne tout autre animal qu'un loup ou un renard, et que même une personne, en se promenant dans le bois, en soit grièvement blessée. On doit donc être fort attentif dans le choix du lieu où on les tend, et adopter de préférence les endroits les plus écartés et éloignés du passage des hommes et des animanx domestiques. On doit aussi se dispenser d'en tendre dans les bois habités par le gros gibier à poil. C'est surtout le traquenard double et simple à bascule (1) qui offre le plus d'inconvéniens, parce qu'il se détend en marchant dessus, ce qui arrive beaucoup plus rarement au traquenard de la pl. IV.

De l'hameçon. La pl. V représente deux espèces d'hameçons que l'on emploie contre les loups. Celui de la fig. 2 est plus usité en France ; nous allons le décrire sous le nom *d'hameçon français.*

Il se compose d'une boîte **A** de tôle ou de chêne, longue de deux pouces un quart,

---

(1) Au surplus, le loup se prenant rarement pendant le jour, mais seulement la nuit, on ne détourne la pièce que l'on nomme *le valet* que tous les soirs à nuit close, ayant soin de le remettre le matin ; d'ailleurs, en tendant un peu à côté des coulées, les animaux domestiques peuvent y passer sans y toucher, tandis qu'un loup est toujours arrêté par l'odeur, et se détourne pour prendre sa proie.

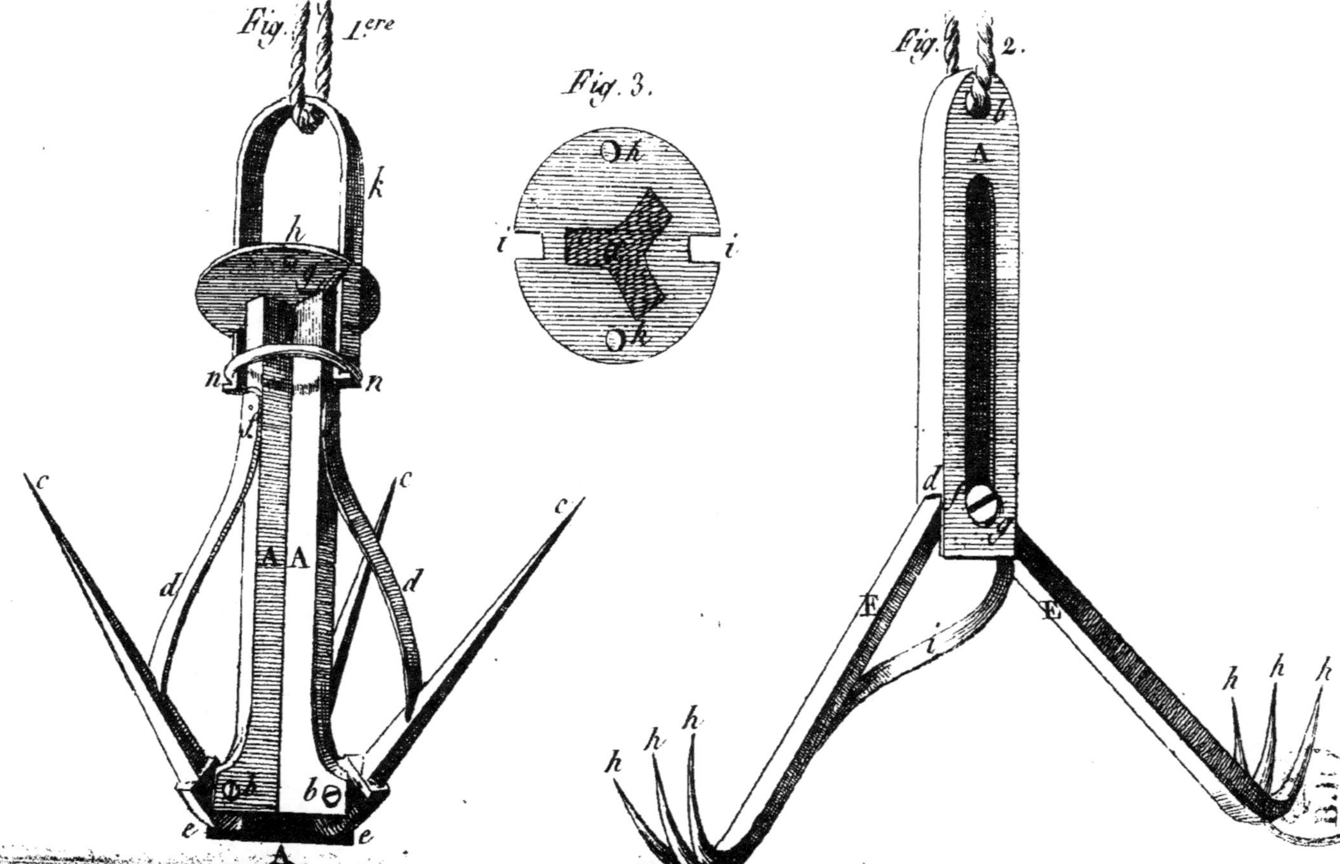

Fig. 1ere
Fig. 3.
Fig. 2.

large de quatre lignes, et épaisse de trois; elle est percée à sa partie supérieure d'un trou *b* qui sert à la suspendre par une chaîne ou par une corde; la première est préférable. Sur une des faces est pratiquée une coulisse *c*, longue d'un pouce et demi, et large d'une ligne et demie. Cette coulisse se termine à quatre lignes de l'extrémité inférieure de la boîte, et c'est jusque-là seulement que descendent les côtés *d*.

Deux branches d'acier EE, longues de deux pouces, larges de deux lignes et épaisses d'une ligne et demie, sont réunies au point *f* par une charnière qui a pour axe le clou *g*, qui doit glisser avec facilité le long de la coulisse *c*, et qui sert de point d'arrêt à ces mêmes branches. Celles-ci sont armées, à leur extrémité inférieure, chacune de trois pointes d'acier *hhh* très-aiguës, d'une longueur de six lignes, et dont la disposition est telle, qu'elles forment avec la branche un angle de quarante cinq degrés, et qu'elles ont entre elles un écartement pareil. Quand cet hameçon est détendu, les deux branches EE sont maintenues dans l'écartement qu'indique la figure, au moyen du ressort d'acier *i* qui doit être fort et élastique, et qui est fixé sur une des branches par une vis.

Pour tendre ce piége, on presse fortement les deux branches jusqu'à ce qu'elles se touchent, et dans cet état on les fait rentrer dans la boîte A au moyen du bouton *g* qui glisse dans la coulisse. Les branches sont maintenues par les côtés *d* de la boîte. Lorsqu'un animal saisit l'amorce dont on a garni les pointes *hhh*, il la tire à lui ; cet effort fait descendre les branches que le ressort *i* fait écarter aussitôt dans sa gueule ; et, lorsqu'il veut se retirer, il se trouve arrêté par les pointes d'acier *h* qui pénètrent dans les chairs et dont il ne peut se débarrasser.

La fig. 1re. représente un hameçon dont l'usage est plus commun en Allemagne qu'en France, et que par cette raison nous appellerons *hameçon allemand*.

Il est formé de trois montans d'acier A épais de deux lignes, et longs de deux pouces et demi. Ils sont soudés ensemble sur une plaque *g* figurée à part, fig. 3. L'extrémité inférieure *b* de chacun est faite en charnière, qui reçoit la base d'une pointe d'acier *c*. Cette pointe est de forme triangulaire, et longue de deux pouces ; elle se meut dans la charnière de manière à pouvoir s'appliquer contre les montans ; et, pour éviter, lorsque le piége se détend, qu'elle ne s'écarte plus qu'il n'est convenable, il y a en *e* un arrêt qui détermine son écartement, de manière à ce qu'elle forme, avec le montant, un angle de quarante-cinq degrés.

Les ressorts *dd*, qui produisent l'écartement des branches, sont fixés chacun sur leur montant en *f*, au moyen de deux vis. Leur partie inférieure est échancrée et embrasse un des angles de la pointe *c*.

La plaque *g*, qui réunit les trois montans a neuf lignes de diamètre, et est garnie en *hh*, fig. 3, de deux petits boutons destinés à recevoir un fil de fer pour suspendre l'appât. Cette plaque est échancrée en *ii* pour glisser avec facilité le long de l'étrier de fer *k*, fig. 1$^\text{re}$, haut d'un pouce un quart, large d'environ deux lignes, et ayant six lignes d'ouverture. Dans les branches de l'étrier est passé un anneau en fer *m* d'un diamètre de sept lignes; il est plat et large d'une ligne et demie. Cet anneau est supporté par un rebord *nn* qui termine les branches de l'étrier, et est saillant de deux lignes.

La fig. 5 représente la plaque *g*, vue par sa face inférieure, on voit en *x* la disposition des trois montans, en *hh* les boutons, et les échancrures *ii*.

Pour tendre ce piége, on redresse les pointes *cc* contre les montans; et on les pousse dans l'anneau de l'étrier, jusqu'à ce qu'elles y soient engagées. L'animal, en saisissant l'amorce fixée aux boutons *hh*, tire les montans à lui; les pointes, dégagées de l'anneau, obéissent aux re sorts qui les écartent rapidement et s'enfoncent dans sa gueule.

Ces deux piéges sont ingénieux, et nous paraissent pouvoir être employés utilement. Cependant ils offrent encore l'inconvénient d'être dangereux pour les chiens. Il est vrai qu'en les plaçant dans les endroits très-écartés, le danger diminue, surtout si on les garnit d'un appât dont les chiens soient peu friands.

De la chambre. Ce piége, d'une exécution facile, s'emploie plus particulièrement contre les loups et n'offre aucun inconvénient.

On forme, avec des pieux d'une épaisseur de deux pouces, une enceinte carrée d'environ trente-six pieds de surface, en plantant ces pieux à six pouces de distance les uns des autres. Il doivent être élevés, au-dessus du sol, d'au moins cinq pieds, et être un peu inclinés en dedans; sur un des côtés on pratique une porte à claire voie, qui peut se fermer seule. On place, au fond de cette espèce de chambre, une pièce de charogne ou une volaille en vie, à laquelle est liée une ficelle qui passe dans un anneau de fer planté dans un pieu du même côté, et est attachée de l'autre bout à un bâton d'environ deux pieds, qui sert à maintenir la porte ouverte.

Lorsqu'on veut faire usage de ce piége, on ouvre la porte d'environ deux pieds, on la maintient dans cette position au moyen du bâton dont on vient de parler. Le loup, attiré par l'appât, va passer son museau de pieu en pieu, jusqu'à ce qu'il arrive à l'ouverture que laisse la porte ainsi disposée. Il pénètre alors à l'intérieur, et, lorsqu'il veut s'emparer de la proie, il fait tomber le bâton qui soutient la porte et se trouve enfermé. Il faut observer que le bâton doit être assujetti de manière à tomber facilement, sans cependant devoir céder au moindre choc que le loup pourrait communiquer à la porte en entrant.

Nous allons indiquer un autre piége dont le but est le même, mais dont la disposition est différente, et qui nous paraît, à cet égard,

plus ingénieux. On lui donne le plus commu-
nément le nom de *double enceinte.*

De la double enceinte. La fig. 1re, pl. VI ,
page 119, est destinée à faire comprendre la
description que nous allons en donner.

On plante au point A un piquet auquel on
fixe une corde d'environ trente pieds de longueur, et au moyen de laquelle on trace sur
la terre le cercle **B C D E.** On raccourcit
alors la corde d'environ dix-huit pouces, et
on trace de même le cercle intérieur **F G H
K**, de manière que l'intervalle entre les deux
cercles soit d'un pied et demi.

On trace ensuite le carré *n o p q*, dont le
point A est le centre. On forme sur ce carré
une espèce de chambre en palissade, dans laquelle on enferme une bête à laine. Comme
c'est principalement en hiver qu'on emploie
ce piége, on peut couvrir la chambre pour
garantir de la rigueur du froid l'animal qu'on
y enferme.

On plante, sur la circonférence de chaque
cercle, des pieux longs de sept pieds, afin
qu'ils s'élèvent de six pieds au-dessus du sol,
et on les espace de six pouces. On peut les lier
les uns aux autres au moyen de liernes clouées

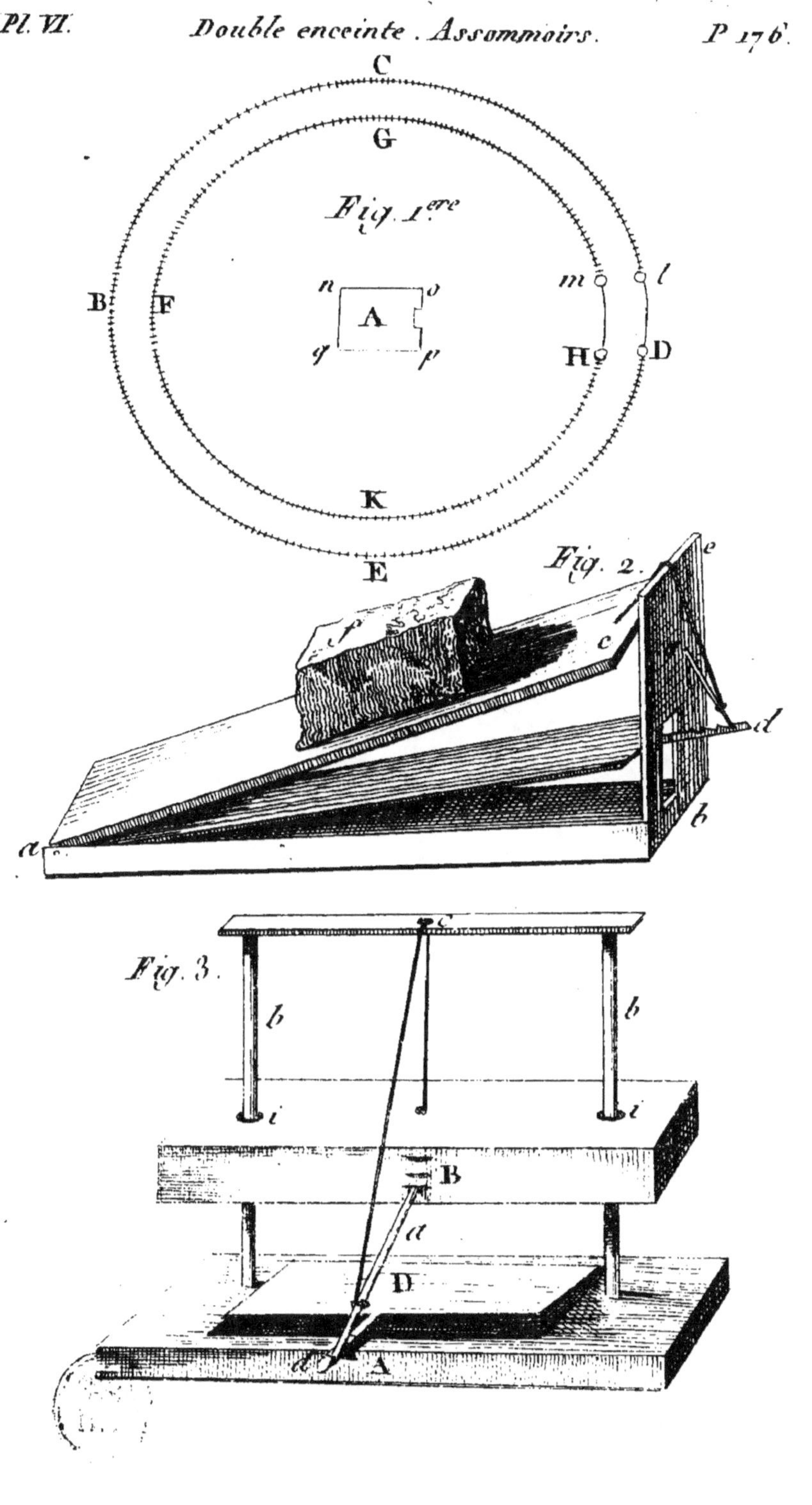
C
G
Fig. 1ere
n   o
m   l
B   F
A
q   p
H   D
K
E
Fig. 2
e
c
d
b
a
Fig. 3
c
b   b
i   i
B
a
D
A

sur leur extrémité supérieure. On peut encore réunir les pieux des deux cercles par des liernes clouées de l'un à l'autre. On laisse aux deux cercles un espace vide de H en *m* et de D en *l*; celui de H en *m* est fermé par une porte à clef. L'espace D *l* est également garni d'une porte, mais qui est disposée de manière à s'ouvrir dans la position qu'indique la ligne ponctuée D *m*.

Lorsque la terre est couverte de neige, on place un mouton dans le carré *n o p q*. Le loup, attiré par ses bêlemens, ou par le bruit d'une sonnettte qu'on lui met au cou, s'approche de l'enceinte. Il en fait le tour en essayant de passer la tête à chaque intervalle; mais comme il ne peut réussir à y entrer ainsi, il arrive à la porte D *l*, qui s'ouvre aussitôt en prenant la position indiquée par la ligne ponctuée D *m*; alors le loup entre dans la galerie circulaire en s'avançant vers C, et la porte se ferme.

Dans cet état, le loup ne pouvant pas retourner sur lui-même pour agir sur le point *l*, et tâcher d'ouvrir la porte, puisque la longueur de son corps est plus grande que la largeur de la galerie, ni pénétrer dans l'intérieur, ni enfin franchir les pieux à cause de leur élévation, sera donc obligé de tourner sans cesse dans la galerie sans trouver moyen d'en sortir. Si même, pendant ce temps, d'autres loups se présentaient, ils s'y renfermeront de même que le premier, et seront à la disposition de celui qui aura établi le piége, et qui pourra les tuer sans danger.

On pourrait, au lieu de pieux, clorre l'enceinte avec des claies semblables à celles dont on se sert pour les parcs à moutons, en leur donnant six pieds de hauteur. Elles offriraient la facilité de pouvoir être placées et déplacées à volonté.

Ce piége, à la fois simple et ingénieux, n'offre aucun inconvénient et devrait être employé de préférence à tous les autres. Dans les départemens où les loups sont le plus communs, l'autorité y trouverait un moyen de les détruire sans compromettre l'existence des hommes, et sans nuire à la conservation des animaux domestiques.

Parmi les autres moyens indiqués comme convenables pour la destruction du loup, il n'en est pas qui méritent que nous les détaillions, soit parce que leur succès est fort incertain , soit parce qu'ils présentent plus de dangers que d'utilité. Nous allons donc seulement les indiquer sommairement.

La fosse. C'est une fosse d'une douzaine de pieds de profondeur, que l'on recouvre d'une trappe faisant bascule, et sur laquelle on attache un appât capable d'attirer le loup. Quoique ce piége, auquel d'ailleurs il est difficile de faire venir le loup, doive être pratiqué dans les endroits écartés , il peut donner lieu à des accidens très-graves, car on ne manquerait pas d'exemples si l'on voulait citer des personnes blessées grièvement en tombant dans ces fosses.

Le piége de fer que les anciens auteurs , et principalement Chomel, *Dictionnaire Économique*, ont détaillé et donné comme excellent, est d'un emploi difficile et d'un établissement assez coûteux; le traquenard, surtout celui de la pl. IV, le remplace avec avantage et nous dispense d'en faire la description.

Le hausse-pied et les *lacets* ne présentent que de très-faibles avantages; et les inconvéniens qui peuvent en résulter, doivent en faire rejeter l'usage. On ne peut en effet les tendre que dans les endroits où il n'y a aucune espèce de gibier, parce que l'on courrait risque d'y prendre tout autre animal que celui contre lequel on les aurait disposés.

Enfin l'empoisonnement des loups, au moyen de la noix vomique, sans doute très-efficace, ne doit être également tenté qu'avec beaucoup de précaution. Il serait même à désirer qu'un pareil moyen ne pût être employé que par l'autorité qui, par des affiches, préviendrait les habitans des communes environnantes de veiller sur leurs chiens, afin que ces animaux, surtout ceux des bergers, ne soient pas victimes de cette mesure. Il est vrai qu'en se servant d'un chien mort, dans la chair duquel on fait des trous profonds pour y introduire la noix vomique, on évite en grande partie cet inconvénient, puisque les chiens ne mangent pas la chair de leurs congénères.

Il résulte de tout ce que nous venons de dire, que la plupart des piéges inventés pour la destruction du loup ne sont pas sans inconvéniens. Cependant l'emploi de plusieurs peut avoir lieu utilement suivant les localités; mais ceux qui ne souffrent aucune exception sont la chambre et la double enceinte.

Battues. Lorsque les loups ont fait quelques ravages, ou se montrent en grand nombre et jettent l'épouvante dans un département, le préfet ordonne de faire une battue dans les bois et forêts qu'il désigne, et l'officier de louveterie est chargé de mettre à exécution l'arrêté du préfet. Les autorités locales sont requises de fournir à ce dernier le nombre de tireurs et de traqueurs qu'il juge nécessaire, et ceux désignés par leur maire peuvent être poursuivis correctionnellement s'ils refusent d'obéir.

L'arrêté du 19 pluviose an 5 prescrit de faire, dans les forêts nationales et dans les campagnes, tous les trois mois, et plus souvent, s'il est nécessaire, des chasses et battues, générales et particulières, aux loups, renards, blaireaux et autres animaux nuisibles. Cependant, cette disposition fort prudente est loin d'être exécutée; et souvent on attend qu'il y ait eu quelque abattis de bétail, quelquefois même des enfans dévorés, avant d'ordonner une battue.

Voici ce que les règlemens des chasses prescrivent d'observer pendant les battues.

Arrivés au lieu du rassemblement, les chasseurs doivent être séparés en deux bandes, les batteurs ou traqueurs d'un côté, et les tireurs de l'autre. On envoie les traqueurs avec 1 garde qui les place autour du bois de distance en distance. Après cela, le commandant de la battue tire un coup de fusil ou de pistolet pour avertir les batteurs d'entrer dans l'enceinte, et les tireurs de se tenir sur leurs gardes. Il est important, pour la réussite de la chasse, que les batteurs aient, autant que possible, le vent au dos. Le commandant doit marcher à la tête des tireurs, et les placer de distance en distance à l'opposition des batteurs, en observant de mettre les meilleurs tireurs dans les fonds et les ravins, parce que ce sont les passages des loups, etc.

Telles sont en effet les principales observations de cette chasse; nous allons ajouter celles que nous croyons nécessaires.

Lorsque l'on est averti de la présence d'un ou plusieurs loups dans un canton, soit par le rapport des paysans qui en auraient vu rentrer au bois de grand matin, soit par celui des voyageurs qui en auraient entendu hurler la nuit, soit enfin par quelques abattis de bestiaux, il est du devoir des autorités d'ordonner une battue lorsque tous les rapports réunis offrent une presque certitude de la présence de ces animaux; car, cette chasse étant fatigante, quelquefois même périlleuse lorsqu'elle est mal dirigée, les habitans des campagnes qui y assistent et perdent une journée de travail, se plaignent hautement lorsqu'ils voient que la battue n'a rien produit, et ils en prennent ensuite le prétexte pour s'y refuser.

L'aube du jour désigné pour cette chasse, tous les hommes commandés arrivent au rendez-vous indiqué ; on en fait l'appel. L'officier de louveterie choisit parmi eux les meilleurs tireurs et les plus prudens. Le maire fournit des fusils à ceux qui n'en ont pas, et chaque homme le visite de suite pour reconnaître s'il est en bon état ; il reçoit ensuite quatre charges de poudre et de plomb, et un numéro en papier qu'il place à son chapeau ou à sa casquette. On inscrit son nom sur une liste qui porte tous les numéros. On s'assure ensuite que tous les traqueurs sont en état de supporter la marche ; on les arme d'un bâton de la grosseur et de la longueur d'un manche à balai, les gardes-chasse et champêtres de la commune sur laquelle la battue a lieu doivent y assister, et conduire la ligne des traqueurs sous le commandement de l'officier de louveterie. Lorsque le service public le permet, une portion des gendarmes des communes environnantes doivent, d'après l'ordre du lieutenant de gendarmerie, se joindre aux tireurs et aux traqueurs.

L'officier de louveterie qui doit connaître les localités, ou, dans le cas contraire, qui a dû, la veille, aidé des gardes-chasse et champêtre reconnaître le terrain, désigne, en y arrivant, la partie que doivent occuper les tireurs. Ils se placent ordinairement sous le vent à environ cinquante pas les uns des autres, et à une pareille distance de la forêt. Il est essentiel qu'ils découvrent bien le terrain qui les sépare de leurs voisins; et, lorsque des accidens s'y opposent, il est nécessaire qu'ils se rapprochent davantage. On doit leur recommander expressément de faire silence, afin de ne pas être entendu des animaux que les traqueurs pousseront de leur côté; et il leur est défendu de tirer au juger, c'est-à-dire qu'ils ne doivent faire feu que lorsqu'un loup se montre de manière à ne pouvoir douter que c'est sur lui que l'on tire : c'est le meilleur moyen d'éviter les accidens, et la raison qui nous porte à engager les tireurs à se placer à cinquante ou soixante pas de la lisière du bois.

Les traqueurs au contraire prennent le dessus du vent, et s'étendent à gauche et à droite de manière à embrasser l'enceinte qu'ils doivent battre, et plus ou moins rapprochés suivant leur nombre.

Ces dispositions faites, l'officier, placé à trente ou quarante pas en avant du centre de la ligne des traqueurs, donne le signal de se mettre en marche en tirant un double coup de fusil ; les traqueurs y répondent par un cri, autant pour annoncer qu'ils sont entendus, que pour avertir leurs voisins, car il pourrait se faire que la détonation ne fût pas parvenue aux oreilles des traqueurs qui se trouvent aux ailes. Comme il peut arriver également que ce signal n'ait pas été entendu des tireurs, on a dû les prévenir de se tenir sur leurs gardes un quart d'heure après qu'ils auront été placés. Les traqueurs s'avancent lentement en frappant tous les buissons avec leur bâton ; ils doivent, autant que possible, suivre la direction qui leur est donnée et prendre garde de se jeter à gauche ou à droite. A cet effet, comme il ne leur est pas toujours possible d'apercevoir leurs voisins de gauche et de droite, ils peuvent, d'instant en instant, les appeler pour reconnaître s'ils ne vont pas trop vite ou trop doucement, et s'ils ne se jettent pas plus d'un côté que de l'autre.

Il y a des officiers de louveterie qui recommandent aux traqueurs de pousser des cris continuels, et qui souvent même les font suivre par des femmes et des enfans qui n'ont d'autres fonctions que de crier aussi ; d'autres qui engagent les traqueurs à marcher sans avoir recours à tout ce tapage, et néanmoins sans observer un trop grand silence; nous sommes de cet avis. Les loups, effrayés par le bruit, prennent la fuite à toutes jambes, et passent si rapidement au milieu des tireurs, qu'ils n'ont pas le temps de les tirer, ou bien ils s'échappent à droite et à gauche, et forcent même la ligne des traqueurs; au lieu que, lorsque ceux-ci ne poussent point de cris, ces animaux se retirent plus lentement, sortent souvent tranquillement de la forêt, et donnent ainsi aux tireurs le temps de les ajuster et de les tirer.

Lorsque les traqueurs ont fait un millier de pas en avant dans la forêt, les loups doivent être déjà debout; mais ce n'est pas une raison pour qu'ils sortent à l'instant, surtout si on ne fait pas derrière eux un bruit trop effrayant. Souvent ils s'arrêtent, vont à droite ou à gauche : c'est pourquoi, si la forêt offre des clairières, on pourrait y placer quelques tireurs qui s'y tiendraient bien cachés derrière un buisson ou dans le corps d'un arbre creusé par le temps ; mais on ne doit confier ce poste qu'à des hommes sûrs, prudens et adroits, auxquels on recommande bien de ne faire feu qu'à vue, car il pourrait arriver qu'on blessât un traqueur fourvoyé, ou que l'on tuât une bête fauve que l'on ne doit pas tirer.

Quand les traqueurs sont arrivés à huit ou neuf cents pas de l'extrémité de la forêt où se trouvent les tireurs, on fait refuser le centre, et les ailes continuent à marcher jusqu'à ce qu'elles atteignent la ligne des tireurs ; c'est alors que ceux-ci doivent redoubler d'attention, et surtout de prudence, car c'est le moment le plus dangereux. Il est presque impossible que les traqueurs se soient tenus si exactement sur la même ligne, que quelques-uns n'aient un peu devancé leurs camarades, et ils courent le risque d'être blessés. Pour éviter les accidens, il est bien de faire alors reculer les tireurs encore d'une cinquantaine de pas, ce qui les met à même de mieux découvrir l'animal sur lequel ils veulent tirer, puisqu'ils ont un intervalle nu de cent pas entre eux et le bois. Il faut seulement alors recom-

mander aux traqueurs de crier continuellement ; ces cris ont, dans ce moment, l'avantage de faire connaître aux tireurs où sont les
traqueurs, et de décider les loups à fuir du
côté des tireurs ; car, si on ne faisait pas de
bruit, ils pourraient tenter de forcer la ligne
des traqueurs à droite ou à gauche.

Il est défendu aux tireurs de faire feu sur
d'autres animaux que sur ceux qui leur sont
désignés, car on fait quelquefois des battues
contre les loups seulement ; d'autres fois on
les fait en même temps contre les loups, les
ours, les renards, les biaireaux, etc., et même
contre les sangliers lorsqu'ils font de trop
grands ravages dans la campagne. Il est également défendu aux traqueurs de rien prendre
dans les bois , soit œufs, soit jeune gibier
qu'ils pourraient rencontrer.

Du renard. Moins fort que le loup, mais
peut-être plus rusé, cet animal détruit beaucoup de volaille et de gibier qu'il surprend
avec une adresse étonnante. Sa destruction
importe donc également à l'agriculture et à
la conservation des chasses. Cependant sa
peau plus estimée que celle du loup, et qui
n'est dans toute sa beauté qu'en hiver, engage à ne lui faire la chasse que dans cette sai-

son. Nous pensons qu'il est assez dangereux, pour chercher à le détruire, dès qu'on en remarque les traces, quelle que soit d'ailleurs la saison où l'on se trouve. Il paraît plus délicat que le loup et mange rarement des charognes; il préfère la viande fraîche, et plutôt encore les animaux vivans.

Les moyens employés pour détruire le renard, sont les mêmes que ceux que nous venons d'indiquer pour le loup. Ainsi, les traquenards amorcés avec de la chair fraîche et les hameçons peuvent être mis en usage contre ce dangereux ennemi de la volaille et du gibier. La chambre dans laquelle on place une poule vivante réussit encore très-bien. On en peut prendre aussi avec la double enceinte, en mettant dans le carré quelques poules et un coq, et en donnant seulement un pied de largeur à la galerie circulaire.

Le hausse-pied et les lacets peuvent aussi être employés quelquefois en les plaçant sur les terriers, mais il faut rendre le piége invisible au renard; car on en a vu rester plusieurs jours dans leur terrier, et n'en sortir que lorsque la faim allait les faire mourir, et cela, parce qu'ils avaient éventé les piéges dont on avait garni les gueules du terrier.

Il nous reste à décrire la manière de le prendre dans son terrier.

On a cinq ou six bassets avec lesquels on quête le renard aux environs de son terrier; lorsqu'ils le rencontrent, ils le chassent et le font fuir, et il se coule bien vite dans son trou; si on ne le trouve pas, on fait entrer un ou deux bassets dans le terrier, et ils annoncent bientôt sa présence par leurs aboiemens. Lorsque l'on s'est assuré, par ce moyen, que cet animal est dans le terrier, et que le basset l'y bloque, il faut ouvrir le terrain en dessus.

Pour y parvenir, on a dû se munir de pelles, de bêches, de pioches. Quelquefois le terrier est fort difficile à entamer; car les renards l'établissent souvent dans des endroits pierreux, ou sous des racines d'arbres : ordinairement leur terrier n'a qu'une galerie; mais, comme il arrive qu'ils s'emparent quelquefois de celui d'un blaireau, alors ils y laissent les séparations qu'ils y trouvent.

Pour mieux connaître la marche des bassets, il est bien de leur mettre un collier où il y ait une sonnette. Les outils nécessaires pour pénétrer dans le terrier d'un renard sont une bêche forte et pointue, qui sert à entamer le terrain lorsqu'il est dur ; une bêche demi-circulaire à tranchant très-aigu, pour couper les racines d'arbres, et une bêche large et plate dont on se sert lorsque le terrain est devenu plus mou.

Lorsque l'on est parvenu jusqu'au renard, on le saisit avec des crochets ou des tenailles, et on l'enferme vivant dans une boîte faite exprès, et à l'aide de laquelle on le transporte dans un endroit clos, où l'on peut dresser de jeunes bassets en le leur livrant, après lui avoir cassé la mâchoire inférieure ; d'autres fois on le tue aussitôt qu'on l'a sorti de son trou.

Si l'on veut faire périr le renard dans son trou, on en bouche soigneusement toutes les ouvertures avec des pierres, des branches et de la terre, excepté une seule que l'on laisse ouverte, et que l'on choisit du côté d'où vient le vent. On glisse dans cette ouverture un morceau de drap soufré à la profondeur d'un pied. On y met le feu ; et, à mesure qu'il commence à s'enflammer, on jette dessus des feuilles et des herbes qui produisent une fumée épaisse que le vent chasse dans le terrier. Lorsque l'on voit qu'il en est suffisamment plein, ce que l'on reconnaît quand la fumée reflue contre le vent, on ferme bien le trou, et l'on est sûr, le lendemain, de trouver le renard étouffé.

Du blaireau. Compris dans la proscription des animaux nuisibles, le blaireau ne mérite pas ce sort. D'un naturel tranquille, passant les deux tiers de sa vie dans une demeure souterraine toujours assez éloignée des habitations des hommes, une nourriture végétale lui suffit ordinairement; et, lorsqu'il fait la guerre à quelques animaux, ce sont les sauterelles, les mulots et les lézards qu'il dévore; cependant il s'empare aussi quelquefois des œufs des oiseaux et des jeunes lapins. C'est là son seul titre de condamnation.

En Allemagne, où l'on tire un assez bon parti des peaux et de la graisse du blaireau, on lui fait une guerre calculée, et on se garde bien d'en détruire l'espèce. C'est vers la fin de l'automne, époque où la peau a le plus de valeur, qu'on lui fait la chasse. Elle a lieu dès que la nuit est close; on profite du clair de lune, ou bien chaque chasseur porte avec soi une lanterne. Tous sont armés de grands bâtons; un seul porte une fourche de fer à deux dents, et un autre un crochet de fer.

On a un chien de l'espèce des courans,
dressé

dressé pour le blaireau, et on emmène avec soi plusieurs bassets tenus en laisse. Arrivé à l'endroit où l'on sait rencontrer des blaireaux, on met le chien courant en quête; il trouve bientôt une gueule de terrier, et, si le blaireau n'est pas sorti, il s'arrête; alors il faut aller plus loin, parce qu'on ne veut pas l'attaquer dans son terrier, que l'on serait obligé de détruire pour le prendre, ce qui engage les blaireaux à quitter le canton.

Si, au contraire, le chien courant trouve le blaireau sorti, il en suit aussitôt la voie, on découple alors les bassets, et on se met à les suivre aussi vite que le permettent le terrain et l'obscurité. Le blaireau qui ne court pas, et s'éloigne peu de son terrier, est bientôt atteint par les chiens contre lesquels il fait face avec intrépidité en s'asseyant sur ses pates de derrière, et se servant à la fois des dents et des ongles. C'est alors que le chasseur qui est armé de la fourche de fer lui prend le cou dedans et le couche contre terre, et celui qui porte le crochet de fer le saisit avec cet instrument par le dessous de la mâchoire inférieure. On le met dans un sac, si on a l'intention de s'en servir pour dresser les jeunes bassets, ou bien on l'assomme. Cette

chasse est assez amusante sans être pénible,
et n'a pas lieu sans prêter beaucoup à rire,
car il est rare que quelque chasseur ne tombe
pas en suivant les chiens.

Lorsque l'on a intention de détruire les
blaireaux, on peut les prendre dans le terrier,
en le défonçant et en se servant de bassets,
comme pour le renard. On peut aussi le
prendre au traquenard à marchette et avec
des collets.

On dispose les uns et les autres auprès des
gueules du terrier, il est rare qu'on ne réus-
sisse pas; cependant, lorsqu'il est pris par un
collet, il peut arriver qu'il parvienne à le
rompre avec ses dents, surtout si on reste trop
long-temps à venir visiter ses piéges.

Le hausse-pied, tendu dans les passées des
haies, présente plus de sûreté, parce qu'il enlève l'animal et lui ôte les moyens d'agir.

On conseille encore de braquer sur l'ouverture du terrier un fusil dont le blaireau fait
jouer la détente en sortant de son trou. Ce
piége, que quelques auteurs ont aussi con-
seillé contre le loup, en le disposant dans les
chemins écartés où l'on a remarqué ses voies,
nous paraît trop dangereux pour n'en pas rejeter l'usage.

Du chat sauvage. Cet animal est un de ceux qui font le plus de ravages parmi le menu gibier. Il détruit les levrauts et les lapereaux, les perdrix et les cailles, et sa facilité à grimper lui donne les moyens de franchir les clôtures et de dénicher tous les jeunes oiseaux qu'il peut découvrir. Il mérite donc, à plus d'un titre, qu'on lui fasse une guerre continuelle, et surtout qu'on l'écarte de tous les parcs où l'on élève du menu gibier, et particulièrement des faisanderies.

Très-souvent des chats domestiques, qui sont mal nourris, s'adonnent aussi à la chasse, et les ravages qu'ils font ne sont pas moins à craindre que ceux des chats sauvages. Le meilleur moyen pour empêcher que ces animaux ne deviennent chasseurs est de leur fournir une nourriture suffisante. Cependant, comme on n'est pas toujours certain de les retenir par ce moyen, ils sont interdits à tous les faisandiers, et à tous les gardes dans les cantons desquels on élève du gibier.

On emploie utilement contre eux le traquenard simple à bascule; mais on a soin que ses branches soient garnies de dents serrées; car c'est ordinairement par une pate que le chat se fait prendre, et on en a vu parvenir à la retirer d'un traquenard dont les branches n'étaient pas armées de pointes. On amorce le piége avec de la viande ou quelque oiseau mort; et on attache assez bien l'appât sur la bascule, pour que l'animal fasse détendre le traquenard en cherchant à s'en emparer.

On lui tend encore des collets dont on proportionne la force à la sienne, et que l'on dispose, suivant les localités, partout où l'on a remarqué les traces de cet animal.

On le prend aussi avec un assommoir que l'on dispose dans l'intérieur des parcs et des jardins, à tous les passages des haies ou clôtures, et aux barbacanes des murs par lesquelles les chats peuvent s'introduire. Cet assommoir se compose d'une grosse pierre, ou simplement d'une planche chargée d'une pierre ou d'un poids quelconque. Cette planche est plus longue que large; elle pose d'un bout sur la terre, et elle est soutenue à l'autre extrémité par un quatre de chiffre dont la marchette barre assez bien le passage, pour qu'un animal ne puisse s'y glisser sans faire tomber l'assommoir.

Voici la description de ce chiffre de quatre dont l'emploi se représente souvent.

Il se compose de trois pièces. La 1re, fig. 4,

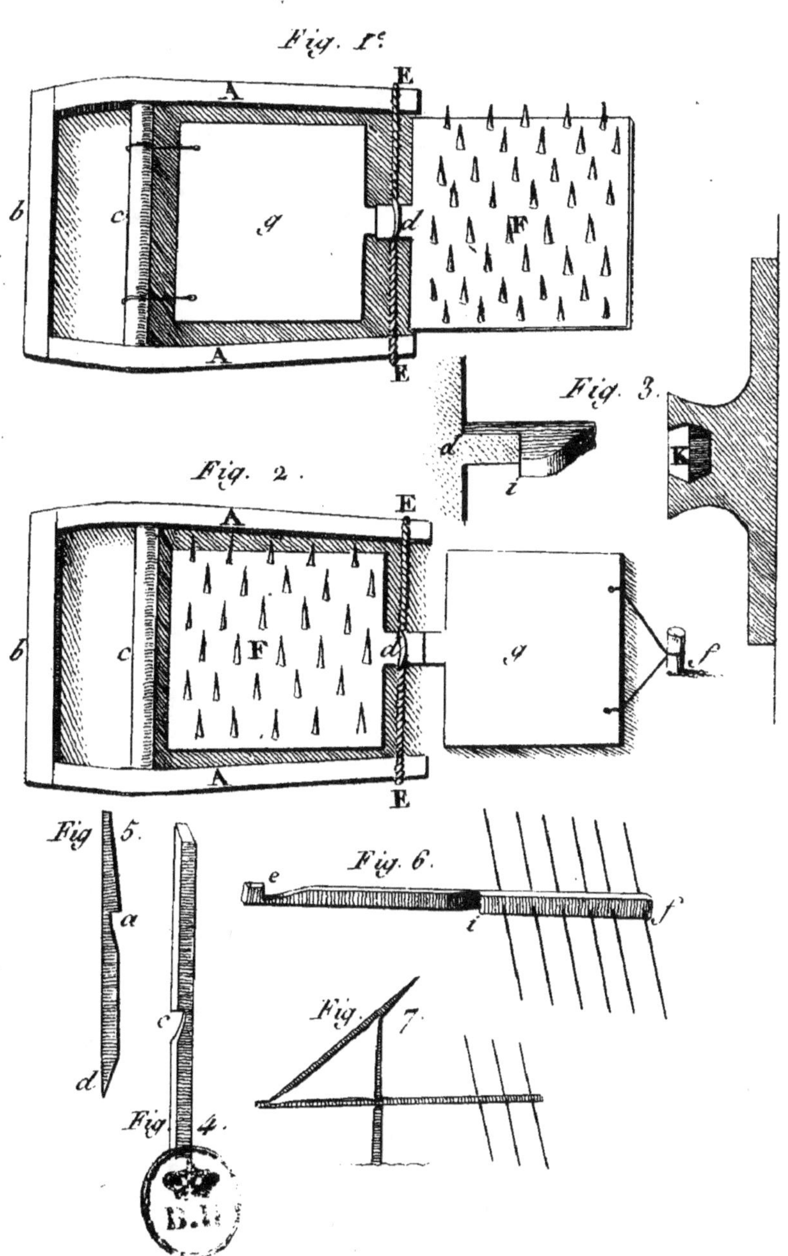

Fig. 1.
A
E
b
c
g
d
F
A
E
Fig. 3.
d
i
K
Fig. 2.
A
E
b
c
F
d
g
f
A
E
Fig. 5.
a
c
d
Fig. 6.
e
i
f
Fig. 7.
Fig. 4.
B.

pl. VII, est le *pivot*. Il est ordinairement planté en terre verticalement ; sa tête se termine en coin, au milieu et sur le côté est une entaille *c* de haut en bas.

La 2ᵉ, fig. 5, se nomme *support*. C'est un bâton taillé en coin par le bas *d*, ayant une coche *a* à un tiers de sa longueur vers le haut, dont le biseau descend dans le même sens que le coin de son extrémité inférieure.

La 3ᵉ, fig. 6, se nomme *marchette*. C'est un bâton d'une longueur proportionnée au piége sous lequel on veut le cacher. Il a à l'un de ses bouts une coche *e*, dont le biseau est dans le sens de la longueur. Cette coche doit faire face en l'air, la marchette étant dans sa position nécessaire au jeu de cette espèce de détente. Sur le côté est une seconde coche *i* dont le biseau est dans le sens opposé à celui de la première ; l'extrémité *f* de la marchette est ordinairement garnie de plusieurs fils de fer. Quelques personnes la garnissent de quelques menus brins de bois, d'autres enfin font deux entailles à une branche d'arbre et s'en servent comme de marchette.

Les trois pièces ainsi disposées, pour former le chiffre de quatre, comme l'indique la fig. 7, on plante en terre le pivot fig. 4 ; on engage dans sa coche *c* la coche *i* de la marchette fig. 6, ce qui forme la croix, et, dans la coche *e* de cette marchette, le coin *d* du support dont la coche *a* repose sur l'extrémité du pivot. Dans cet état, on sent qu'un piége quelconque, appuyant sur le support, tend à le faire baisser par sa pesanteur; mais celui-ci n'obéit pas, ayant son extrémité cunéiforme *d* retenue par la coche *e* de la marchette qui est maintenue elle-même dans cette position par la coche du pivot qui serre fortement contre la coche *i*. Mais aussi le moindre mouvement qui ébranle la marchette fait échapper les coins des coches; et le support, n'ayant plus de point d'appui, laisse tomber le piége.

On peut encore employer utilement contre les chats sauvages l'*assommoir du Mexique*, qui doit probablement son nom à sa ressemblance avec les machines que les Mexicains emploient contre les bêtes malfaisantes.

Ce piége, susceptible d'être fait sur toutes les dimensions, peut être employé contre les quadrupèdes et contre les oiseaux de proie qui se posent à terre.

Les fig. 1 et 2 de la pl. VII, pag. 196, représentent deux de ces assommoirs tendus, ne différant l'un de l'autre que parce que celui de la fig. 1re se détend dans le châssis, et celui de la fig. 2 en dehors.

Ce châssis se compose de quatre morceaux de bois; les deux plus longs AA se nomment arbres; leur longueur est pour l'espèce de piége que nous décrivons de trois pieds; leur grosseur est proportionnée à la pesanteur du battant, et elle doit être telle qu'elle ne nuise point à leur élasticité. Ces deux arbres sont assemblés au moyen des deux montans $b c$, et alors le châssis a la forme en petit des limons d'une voiture. Le montant b a dix-huit pouces de long. Il réunit les extrémités des arbres soit en taillant ses bouts en tenons qui entrent dans des mortaises qui y sont pratiquées, et en clouant ensuite, ou au moyen de fort fil de fer qui les assujétit. Le montant c est d'un demi-pouce plus long que celui b, pour faire arquer un peu les arbres. Un tenon termine chacun de ses bouts et entre dans une mortaise ménagée dans l'épaisseur des arbres; ce second montant n'a pas besoin d'être cloué, le montant b et la corde E E tendant à faire serrer les arbres sur ce montant qui les maintient à la distance convenable. Dans cet état, le vide qui se trouve entre les arbres offre un carré long de deux pieds sur dix-huit pouces de large.

Le battant se compose d'une forte planche de chêne taillée sur des dimensions telles qu'elle ait un pouce de jeu à l'entour entre les arbres. Elle est hérissée de pointes de fer acérées et longues d'un pouce. Au milieu, du côté *d*, est un mentonnet pris sur la planche qui fait assommoir. Ce mentonnet est long d'environ deux pouces légèrement échancré au milieu de chacun de ses côtés. La fig. 3 offre la disposition du dessous de ce mentonnet quand le piége est tendu. On remarque qu'il est garni d'un morceau de bois dur *k* qui s'élève de trois lignes.

On engage le mentonnet dans les doubles d'une corde fine et forte E E qui forme le ressort, et que l'on tord en faisant faire au battant plusieurs révolutions entre les branches des arbres. Pour la fig. 1 dont le battant se détend dans le châssis, il faut tordre la corde en dehors. Pour la fig. 2, le battant devant jouer en dehors, il faut tordre la corde en dedans.

La fig. 3 représente la détente qui doit faire jouer ce piége, auquel d'ailleurs il ne paraît pas difficile d'en approprier. Elle se compose d'une planche de même dimension que le battant dont la partie *d* est garnie d'un cran *i*, par lequel la détente arrête le cran *k* du mentonnet du battant et maintient celui-ci dans la position nécessaire pour qu'il soit tendu. Elle peut convenir aux deux manières de tendre l'assommoir, soit qu'il se détende dans le châssis, soit qu'il joue en dehors.

Pour tendre ce piége, on assujétit les arbres A A et le montant *b* au moyen de piquets à crochet; si le battant doit s'abattre dans le châssis, on y place la marchette que l'on attache au montant *c*, et dont le cran *i* accroche le mentonnet *k* du battant et le tient ouvert; si l'on veut que celui-ci s'abatte en dehors, on plante un piquet auquel on attache la marchette qui couvre l'espace où doit frapper le battant.

Dans l'un et l'autre cas, il faut que la marchette soit soutenue au moins à un pouce de terre, afin que le poids de l'animal qui passe dessus puisse la faire baisser et échapper le cran. On place cet assommoir sur tous les passages des chats sauvages, et, pour plus de sûreté, on attache au milieu de la marchette un morceau de chair crue ou cuite qui les attire. En passant sur la marchette, le cran s'échappe et le battant se rabat avec violence et assomme ou perce de ses pointes l'animal pris dessous.

Les assommoirs que nous décrirons plus loin pour les fouines, belettes, etc., peuvent aussi être employés contre les chats sauvages.

DU PUTOIS, DE LA BELETTE, DE L'HERMINE, DE LA FOUINE, DU LOIR ET DU RAT. Le *putois* est le plus terrible ennemi des oiseaux de basse-cour, comme de ceux qui nichent dans les champs. Il établit sa demeure dans le voisinage des habitations ; plus rusé que la fouine, il met plus de précaution dans sa marche ; il se glisse sans bruit dans les poulaillers, où il met tout à mort ; il s'introduit de même dans les colombiers, et n'y fait pas moins de ravage. La nuit, il cherche les nids de perdrix, de cailles, d'alouettes, dont il suce les œufs ; il pénètre dans les terriers de lapin et suce le sang des jeunes lapereaux ; enfin, pendant l'hiver, il détruit encore les ruches ; et, pour tout le mal qu'il cause, il fait la guerre aux taupes, aux mulots et aux rats.

La *belette* habite les mêmes lieux que le putois ; elle fait comme lui la guerre aux volailles, aux moineaux, aux levrauts, aux lapereaux, aux rats et aux souris, et détruit une grande quantité d'œufs de toute espèce.

L'*hermine*, un peu plus grande que la belette, est plus rare dans nos contrées, et fait davantage la guerre aux oiseaux qui habitent les champs, qu'à ceux qu'on nourrit dans les basses cours. Elle détruit de même les mulots, les rats et les taupes, et suce tous les œufs qu'elle peut trouver.

La *fouine* est aussi dangereuse que le putois, et mérite autant que lui d'être détruite.

Le *loir* est moins dangereux que les précédens : cependant il fait un grand ravage de tous les jeunes oiseaux qu'il peut atteindre ; mais ses dégâts ne sont rien en comparaison de ceux du putois, de la belette et de la fouine ; on sait d'ailleurs qu'il reste engourdi dans le creux d'un arbre pendant la plus grande partie de l'hiver.

Les *rats* ne sont pas moins à craindre, surtout le surmulot, inconnu en France avant 1750, et qui a été apporté par le commerce maritime. Il attaque les levrauts et lapereaux, les perdreaux, les cailleteaux et les jeunes oiseaux de basse-cour ; il fait même la

guerre au rat commun , qui est moins dangereux que lui pour le gibier.

Il n'est pas facile de se garantir des excursions de ces quadrupèdes rongeurs, pour qui
le moindre trou peut servir de passage , et
qui grimpent avec assez de facilité pour es-
calader la plus grande partie des clôtures (1).

On a donné divers moyens pour la destruction de ces animaux ; mais le piége qui
réussit mieux et que l'on emploie exclusivement dans les faisanderies et les tirs du Roi,
est l'assommoir représenté fig. 2, pl. VI, p. 176 :
a b est le fond immobile ; *a c* est une planche
mobile fixée en *a* sur le fond *a b*, au moyen
d'un boulon en fer qui lui permet de se lever
et de se baisser ; *a d* est une languette sur
laquelle les animaux sont obligés de poser les
pates ; *e b*, support ayant une entaille pour
le passage de l'extrémité de la languette *a d*,
et un cran qui reçoit l'extrémité taillée en biseau du bilboquet *g*, dont le bout inférieur est
retenu par un des crans qui terminent la planchette *a d*. De cette manière, le moindre poids,
pesant sur la planchette , la fait échapper ; le bilboquet n'étant plus retenu, cesse de soutenir la

____

(1) *Voyez* ce que nous disons des clôtures page 67.

planche *a c*, qui tombe d'autant plus vivement, qu'elle est chargée d'une pierre *f*.

On emploie encore un autre assommoir
comme celui de la fig. 3, pl. VI. A est une pièce
épaisse de bois, dans laquelle on implante
deux montans *b b*. On a une pièce de bois de
chêne B, à laquelle on fait deux trous *i*, dans
lesquels passent les deux montans. Cette
pièce B peut monter et descendre aisément
sur ces deux montans que l'on assemble ensuite par la traverse *c*. La pièce de bois A est
échancrée entre les deux montans *b b*, pour
recevoir la marchette D. Pour tendre ce
piége, on soulève la pièce de bois B, et on
la maintient dans cette position au moyen
d'un petit bilboquet *a* fixé à cette pièce, par
une ficelle qui passe en *c*; ce bilboquet a son
extrémité supérieure engagée dans un des
crans pratiqués à la pièce A, et l'autre dans
un cran de la marchette *d*. La moindre chose
qui pose sur cette dernière, la fait baisser,
le bilboquet s'échappe, et la pièce de bois B
tombe de son propre poids.

On peut détruire la belette, en saupou-
drant de noix vomique deux moitiés de
pomme ou de poire bien mûre : on rejoint
les deux parties du fruit, et on le place dans

les lieux qu'elle a coutume de, fréquenter. Mais ce moyen ne peut pas être employé dans les endroits où se trouve du gibier, parce qu'il pourrait manger de ce fruit et s'empoisonner.

Le traquenard simple, ou double, voyez les fig. 1 et 2, pl. VIII, s'emploie aussi avec succès.

La fig. 1re est celle du traquenard simple. Le couvercle A est maintenu ouvert au moyen d'un petit bâtonnet placé dans l'ouverture *b*. A ce bâtonnet est attaché un appât convenable pour l'animal que l'on se propose de prendre. Lorsqu'il entre dans le traquenard, il attaque l'amorce qu'il trouve de son goût, et fait échapper le bâtonnet qui laisse refermer le couvercle. Le traquenard double, fig. 2, ne diffère de celui-ci que parce qu'il a deux couvercles. Son usage est plus sûr, en ce que l'animal, voyant du jour, pense pouvoir passer au travers, et s'y engage plus facilement.

Enfin, on se sert avec avantage d'un petit piége que l'on nomme arbalète, et qui est représenté par la fig. 3. Ce piége peut s'employer contre plusieurs des quadrupèdes dont nous nous occupons, mais notamment contre les rats.

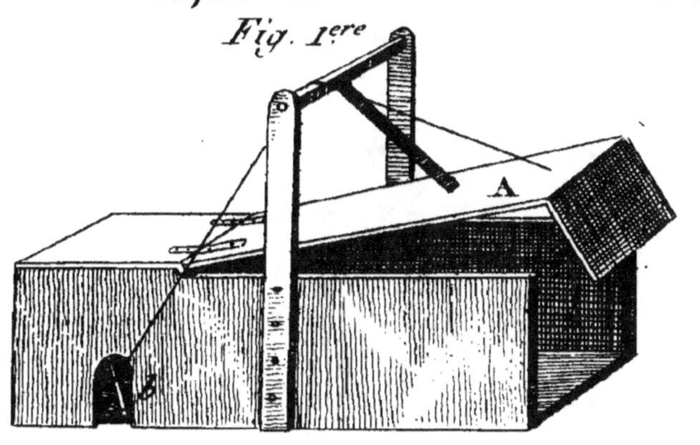
Fig. 1ere
A

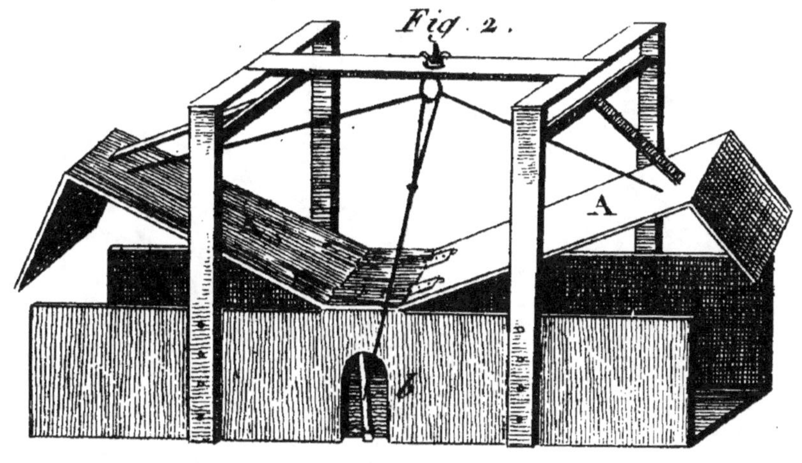
Fig. 2.
A
b

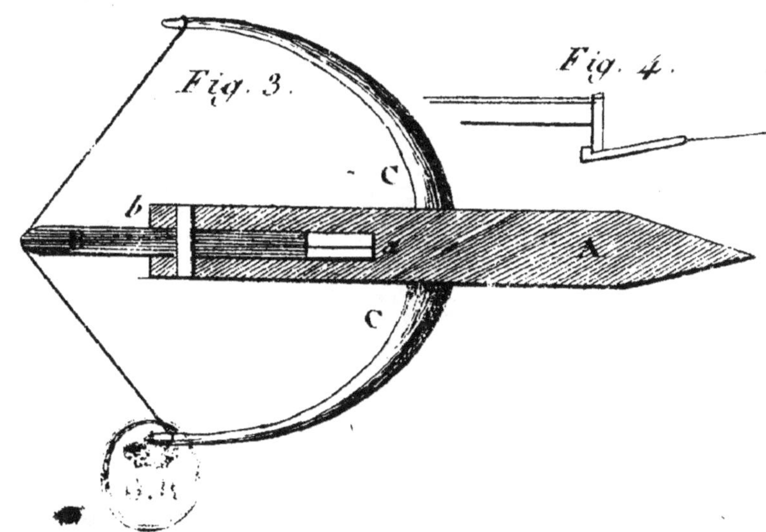
Fig. 3.
Fig. 4.
c
b
c
A

A est une planchette évidée de *a* en *b*, et disposée en coulisse pour recevoir la pièce B qui y glisse facilement. Sur la planchette A est fixée une branche de bois élastique CC qui forme un arc. Cet arc est garni d'une ficelle qui se loge dans une rainure pratiquée à l'extrémité supérieure de la planchette B. Au-dessous de la planchette A, est attachée, au moyen d'un fil de laiton, une petite pièce de bois ayant un cran. Une seconde petite pièce de bois mobile sert à tendre le piége. Pour y parvenir, on fait sortir le plus possible la pièce B de sa coulisse, ce qui fait tendre l'arc ; on la maintient ainsi par la petite pièce mobile qui, retenue, d'un bout, par le cran de la seconde petite pièce, et, de l'autre, par l'extrémité de la coulisse, empêche celle-ci de reculer. On place une amorce convenable dans l'ouverture, et on dispose le piége, de manière à ce que rien ne gêne son jeu, auprès des trous de rats. Ceux-ci, attirés par l'appât, cherchent à s'en emparer, et se trouvent pris par la planchette B, armée de pointes, qui se resserre, lorsqu'ils ont fait échapper le petit triquet qui la retient.

Voyez la détente fig. 4.

§ II. *Des Oiseaux de proie.*

Les oiseaux de proie ne se nourrissant que de la chair des autres animaux, font aussi de grands ravages, les uns parmi les oiseaux, d'autres parmi les quadrupèdes, et quelques-uns parmi les poissons.

Ces oiseaux se divisent naturellement en deux classes : les diurnes et les nocturnes. Les premiers, plus forts, plus entreprenans, et mieux armés, exercent leur rapine pendant le jour, et sacrifient à leur appétit un grand nombre d'oiseaux et de quadrupèdes; ce sont les plus nuisibles, et ceux dont l'économie rurale ainsi que la conservation des chasses réclament la destruction. Les seconds, moins bien conformés, ne se nourrissent presque généralement que de petits animaux nuisibles à l'agriculture, et qui, comme eux, sortent la nuit pour chercher leur nourriture. Les oiseaux de proie nocturnes détruisent un grand nombre de mulots, de rats, de souris, etc.; leur existence est donc plus utile que nuisible, car les services qu'ils rendent aux agriculteurs ne sont achetés que par la perte de quelques lapereaux et levrauts, et de quelque menu gibier. Cependant ils ont été proscrits comme les autres; mais la superstition, qui a persuadé que leurs cris ou leur présence étaient des présages funestes, est la cause de l'horreur qu'ils inspirent.

Les oiseaux de proie sont nombreux en espèces, surtout en diurnes; on connaît, en France, parmi ces derniers, les aigles, la phène ou le gypaète des Alpes, le circaète, la soubuse, les buses, les faucons, le milan et les éperviers, qui se nourrissent d'oiseaux ou de quadrupèdes vivans; le balbuzard et le buzard, qui sont plutôt pêcheurs que chasseurs, et les vautours, qui recherchent les cadavres, et généralement la chair morte et même puante.

Parmi les nocturnes, se trouvent les chouettes, les chats-huans, le grand-duc et les hiboux qui, tous, se nourrissent de proie vivante.

La destruction par les piéges de ces espèces nuisibles est le sujet de cet article; et, malgré le dommage qu'elles causent, les moyens employés contre elles ne sont pas nombreux.

Le soin de détruire les nids des oiseaux de proie est un des plus sûrs pour empêcher leur trop grande multiplication. Nous remarquerons néanmoins que la nature, sage dispensatrice de toutes choses, a voulu elle-même la limiter, car elle n'a pas accordé à ces espèces une aussi grande fécondité qu'aux autres; mais aussi, comme il entrait dans ses vues impénétrables que les espèces les plus dangereuses ne fussent pas anéanties, elle leur a donné l'instinct de placer leurs nids sur des rochers escarpés, et dont l'accès difficile les défendît de l'atteinte des hommes. Cependant un grand nombre des oiseaux diurnes placent leurs nids sur des arbres élevés ou dans d'autres lieux accessibles; il faut donc les détruire aussitôt que l'on en voit, soit en brisant les œufs ou tuant les petits, lorsque l'on peut y atteindre; soit en tirant dessus à balle, lorsqu'il est difficile d'y arriver. Nous observerons encore que c'est principalement la destruction des nids des oiseaux diurnes que nous réclamons; car il importe dans l'intérêt de l'agriculture, qu'il existe des oiseaux nocturnes pour purger les campagnes de cette foule de petits quadrupèdes si nuisibles aux récoltes.

La manière de prendre des oiseaux de proie aux filets ou aux piéges dépend de leurs habitudes. A ceux qui se nourrissent de proie vivante, il faut présenter des oiseaux vivans; et la chair morte est l'appât convenable pour les autres.

Les aigles et les vautours étant les moins nombreux en France, et se tenant sur les lieux les plus élevés, sont aussi ceux qu'il est le plus difficile d'atteindre, et le fusil est le meilleur moyen d'en diminuer le nombre; ce qui importe dans les campagnes qui avoisinent les hautes montagnes et où ces oiseaux viennent pousser de sanglantes excursions.

Les autres oiseaux de proie plus communs donnent assez aisément dans les piéges, et plus d'un chasseur en a pris quelquefois dans des filets qu'il n'avait pas tendus pour eux, et dans lesquels ils se précipitaient pour s'emparer des appelans.

On peut prendre les éperviers, les émérillons, les hobereaux et même des fauçons et des autours avec des nappes dont nous allons faire connaître la composition.

En géneral on entend par nappe toute pièce de filets, de quelque dimension que ce soit, dont le tissu est uni. Cette nappe lorsqu'elle est ensuite montée, prend le nom particulier qui lui est attribué suivant sa destination: Toutefois les filets disposés comme nous allons le dire, et employés pour prendre les oiseaux de proie conservent le nom de nappes et sont connus aussi sous celui de *rets saillans*.

Ces nappes se font à mailles en losange avec du fil de Flandre, trois brins, n°. 8. On leur donne deux pouces ou deux pouces et demi de diamètre suivant l'espèce d'oiseaux. Elles ont 5o à 6o pieds de longueur et de 6 à 9 de largeur. On les borde dans leur longueur d'une ficelle bien câblée et presque grosse comme le petit doigt, on la passe dans les mailles de l'enlarmure sans la fixer, afin de pouvoir à volonté faire glisser le filet sur cette ficelle. Cette attention mérite d'être remarquée, parce qu'un temps plus ou moins humide resserre ou relâche les mailles.

Cette ficelle forme aux quatre coins de la nappe des boucles destinées à assujettir les *guèdes, guides ou guilles* qui sont deux bâtons d'une longueur plus qu'égale à la largeur de la nappe, et qui, attachés à chacune de ses extrémités, servent à la tenir étendue et à la diriger.

Nous allons faire connaître ici tous les ustensiles qui sont nécessaires pour faire agir les nappes.

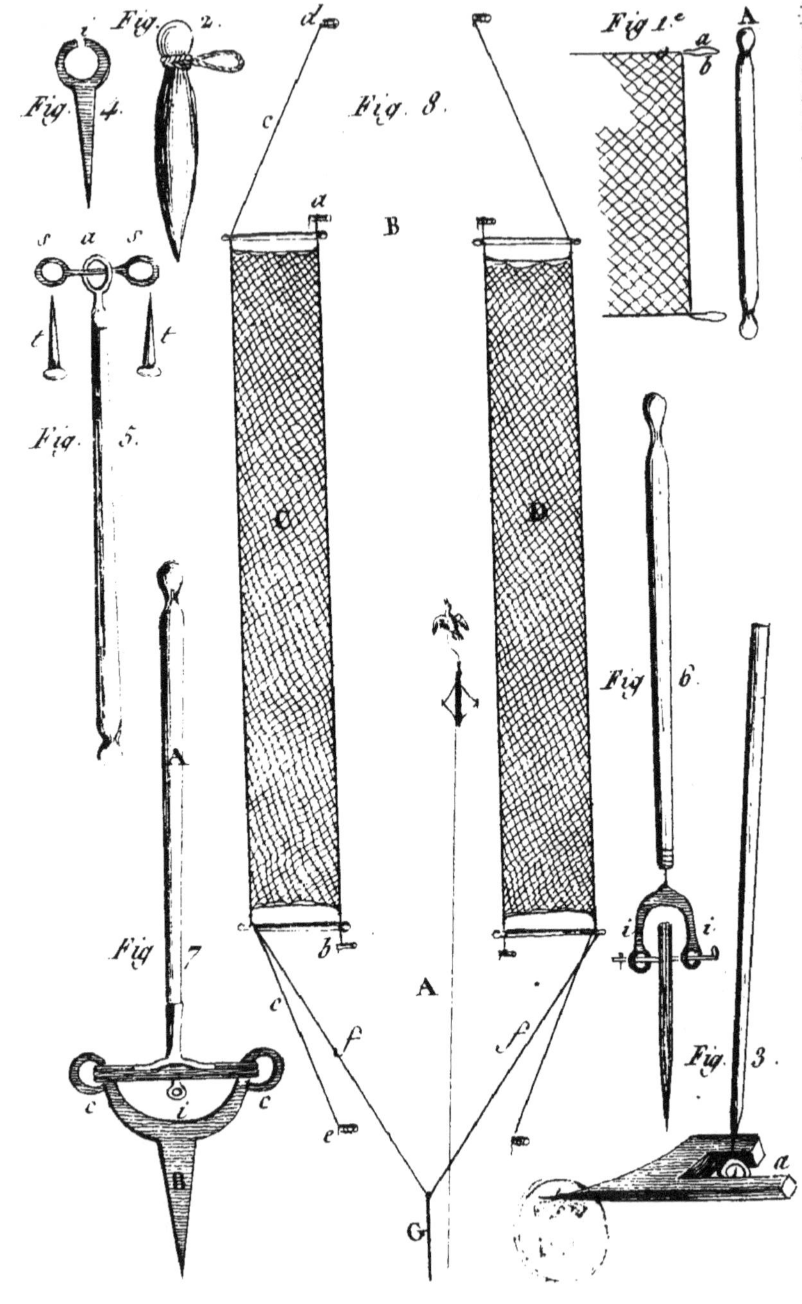

Pl. IX.
Rets saillants.
P. 213.
Fig. 2.
Fig. 4.
Fig. 1.e
A
Fig. 8.
B
Fig. 5.
Fig. 6.
Fig. 7.
Fig. 3.
A
G

Les guides sur lesquelles on fixe les extrémités des nappes, sont faites en bois, leur diamètre est d'environ un pouce et demi, on en fait aussi en fer d'un diamètre de 9 lignes. A leurs extrémités est pratiquée une gorge pour retenir le nœud qui les lie à la nappe et aux cordes des piquets et de tirage; pour attacher les guides aux boucles qui se trouvent à chaque coin de la nappe, on passe sous l'extrémité A de la guide, fig. 1re. pl. IX, les deux branches *a*, *b*, de la boucle réunies, on les ramène par dessus la guide, ensuite dessous la boucle *o*, puis on ouvre cette dernière, et on engage dans son ouverture l'extrémité A de la guide, de façon que la branche *a* de la boucle soit dessus, et l'autre branche *b* dessous. Dans cet état on tire la partie *o*, et on serre le nœud d'une manière solide.

Pour monter les nappes, on fixe à chaque extrémité une guide, dont les deux bouts sont pris dans les boucles, au moyen du nœud que nous venons d'indiquer. Cela fait, on les étend à terre vis-à-vis l'une de l'autre, et on laisse entre elles un espace de terrain un peu moindre que la largeur des deux nappes, de manière qu'il soit exactement recouvert lorsque ces deux filets s'abattent, et que l'un des deux croise un peu sur l'autre.

Il y a plusieurs moyens employés pour faire jouer les nappes. Nous allons les indiquer. Le premier est le plus facile à se procurer, parce qu'on peut le faire soi-même. C'est le *piquet simple* ou *à cordes*, fig 2. C'est un morceau de bois rond de deux pouces environ de diamètre, et d'une longueur de dix-huit, pointu à son extrémité inférieure et ayant en haut une gorge et un renflement qui fait tête. On a une corde de la même grosseur que celle qui borde les nappes, et d'une longueur de deux pieds; on la met en double, on noue les deux extrémités, et on la fixe à la tête du piquet par un nœud semblable à celui décrit pour attacher la guide à la nappe. C'est avec l'excédant de cette corde que l'on fixe le bout inférieur de la guide, en faisant encore le même nœud, mais en observant de prendre dedans, la boucle qui attache cette guide au filet, ce qui rend l'un et l'autre nœud plus solides. On a quatre piquets semblables à celui que nous venons de décrire pour tendre les deux nappes.

Piquet à broche, et anneau. Ce piquet,

fig. 3 , se compose d'un morceau de bois de hêtre , aplati à sa partie supérieure et terminé en pointe par le bas. Sa longueur est d'un pied et demi , sa forme est à peu près celle d'un gousset de menuiserie très-alongé. La partie supérieure *a* est épaisse de deux pouces, et large de quatre. Dans cette largeur est pratiquée une entaille carrée *a*, de quinze lignes d'ouverture , sur trois pouces de profondeur. Cette entaille fait l'effet d'une fourche carrée. Chacune de ses branches est percée transversalement d'un trou, pour le passage d'une broche en fer, de la grosseur d'une grosse plume à écrire ; cette broche est fixe ou mobile. Dans le premier cas, elle est rivée des deux côtés sur le piquet. Alors le bout de la guide est garni d'une douille en fer, terminée par un œillet incisé à sa partie inférieure pour pouvoir embrasser la broche. Cette douille est longue d'au moins six pouces , et son diamètre va en augmentant depuis l'anneau jusqu'à son ouverture pour y embrasser toute la grosseur de la guide , dont le bout est taillé pour être emmanché juste. D'autres remplacent cette douille par un piton, fig. 4 dont l'œillet est également incisé au point *i*, et dont la pointe est enfoncée en long dans l'extrémité de la guide, qu'il faut avoir soin de viroler pour l'empêcher d'éclater. L'incision faite à l'œillet du piton doit être oblique, pour que la broche ne puisse pas en sortir seule. Ce piton a six pouces de longueur, et son épaisseur qui se termine en pointe est, auprès de l'anneau, d'environ neuf lignes. Quand la broche est mobile, elle a, d'un côté, un anneau pour pouvoir la saisir quand on veut la placer ou l'ôter; l'autre bout doit passer aisément dans les trous des branches du piquet. Ce bout est percé d'un trou pour recevoir une clavette qui retienne la broche. Dans ce cas, l'anneau du piton ou de la douille est plein, et la broche le traverse. Cette broche, dans l'un et l'autre cas, sert d'axe à l'anneau de la guide qui pivote sur elle. La fig. 3 représente le piquet et la guide qui se meut sur lui.

Ayant quatre guides garnies d'une douille à anneau, comme celle dont nous venons de parler, on les monte d'une autre manière encore. Dans l'anneau *a* de la douille qui termine la guide, fig. 5, est passée une broche en fer longue de cinq pouces, et d'un diamètre d'environ quatre lignes. Cette broche a, à ses deux extrémités, un anneau *s*, *s*, d'un pouce

pouce de diamètre , dont l'un est forgé après le passage de la broche dans l'œil de la douille. Deux piquets *t*, *t*, longs d'un pied et demi, et enfoncés en terre , traversent chacun un de ces anneaux , et fixent la broche en fer, de manière à ce qu'elle serve de point d'appui au mouvement de la guide.

La fig. 6 représente une guide qui offre une autre disposition. Un piton , enfoncé dans la guide , virolée à son extrémité pour plus de solidité, forme une fourche à branches aplaties *i*, *i*, ayant trois pouces d'ouverture , et quatre pouces de longueur. L'extrémité de chacune de ces branches est percée d'un trou, servant au passage d'une broche en fer à anneau d'un côté, et à clavette de l'autre. Cette broche a environ quatre lignes de diamètre ; elle traverse également, dans son épaisseur, la partie supérieure d'un piquet en bois, *o*. Ce piquet , enfoncé en terre , soutient la guide qui tourne dessus la broche en fer qui lui sert d'axe.

Enfin la fig. 7 représente une guide disposée encore par un moyen différent , mais que nous avons cru devoir faire connaître à nos lecteurs.

A est la guide que l'on suppose fixée à la

nappe. Elle est également garnie d'une douille ; seulement, celle-ci, au lieu d'être terminée
par un anneau, l'est par un bouton. B est un
piquet en fer, long d'un pied, ayant en
haut quinze lignes d'équarrissage et pointu
par le bas. Il est rivé dans le milieu d'une
branche c, c, également en fer, de neuf lignes d'équarrissage, et d'une longueur de
neuf pouces. Cette branche est courbe, et
chacune de ses extrémités $c\ c$, est terminée en
anneau du diamètre d'un pouce et demi. La
courbure de cette branche élève les anneaux
à trois pouces au-dessus du niveau du
piquet rivé. Ces anneaux reçoivent une
corde fine passée plusieurs fois dans chacun, et légèrement tendue. Au milieu de cette
corde on engage le bouton i de la douille, et
on la tourne comme on fait le bâton de la
monture d'une scie. Lorsqu'elle est suffisamment tordue, on repousse la douille pour que
le bouton soit près de la corde, et on y em-
manche la guide. On sent que, pour tendre
la nappe, il faut observer que la corde soit
tordue dans le sens convenable, et néanmoins
pas assez pour qu'elle puisse par elle-même
faire lever le filet. Aussi des nappes, bien tendues par ce moyen, exigent moins de force

de la part du nappiste pour les faire abattre ,
parce que les cordes tendant à se détordre feront, en même temps que lui, effort pour
ramener les guides qui se rabattent alors plus
vivement.

Tels sont les différens moyens que l'on
peut employer pour fixer les guides et les
faire jouer. Revenons maintenant à la méthode la plus convenable de tendre les nappes.

On choisit, pour étendre les nappes, un
terrain autant uni que possible, et que l'on
débarrasse de tout ce qui pourrait gêner leurs
mouvemens. On les place vis-à-vis l'une de
l'autre, à une distance telle, qu'étant ra-
battues , elles croisent l'une sur l'autre
d'environ six pouces. *Voyez* la fig. 8 pl. IX
p. 213.

Le côté des nappes tourné vers l'endroit où
le chasseur a intention de se placer se nomme
tête; il est en A, fig. 8; la partie opposée s'appelle *queue. Voyez* B , même figure. Le nappiste, placé à la tête du filet, commence par
attacher à l'extrémité de la nappe gauche C,
la guille ou guide destinée à la faire mouvoir,
et cela au moyen des boucles que la corde
qui borde le filet forme à chaque coin.

Il enfonce ensuite le piquet *a* sur lequel doit pivoter la guide qu'il y fixe. Cela fait, il se transporte à la queue de la nappe, y fixe la guide, soulève ensuite la nappe en la secouant, puis la tire à lui pour la faire tendre parfaitement, et enfonce le second piquet *b* exactement sur l'alignement du premier, et de façon que la lisière de la nappe soit tendue aussi roide que possible. Pour tendre le côté extérieur de la nappe, il emploie deux cordes *c*, *c*, d'une longueur triple de la largeur de la nappe; l'une des extrémités de chaque corde est fixée à un piquet à crochet, et l'autre est terminée par une boucle. Au moyen de cette boucle, il enlace l'extrémité supérieure de la guide, et prend dans l'enlacement la boucle qui fixe la guide à la nappe pour l'empêcher de glisser; il tire à lui la corde de manière à ce qu'elle vienne diagonalement de la tête de la guide sur l'alignement de la lisière intérieure de la nappe, et là il enfonce le piquet à crochet *d*, qui la maintient dans l'état de tension convenable. Dans cette position, la guide placée sur une ligne droite, doit être à plat sur terre. Après avoir ainsi fixé la partie supérieure de la guide du côté de la tête, le nappiste en fait autant du côté de

la queue au moyen du piquet e, et veille à
ce que la lisière extérieure de la nappe soit
tendue aussi roide que celle de l'intérieur.

La nappe gauche ainsi disposée, le nappiste en fait autant à celle de droite D, en
s'y prenant de la même manière ; seulement il observe de la tendre de façon que la
guide du côté de la tête soit à environ six
pouces en-dessous ou en-dessus de l'alignement de la guide de gauche ; ce qui maintient,
la nappe étant tendue, la même différence dans
l'alignement des guides de la queue, afin
qu'en faisant mouvoir le filet, celles-ci ne
puissent se rencontrer, et empêcher par cette
raison l'effet que l'on désire.

Les deux nappes placées comme on vient
de l'indiquer, on doit examiner si rien ne
peut gêner leurs mouvemens ; et, à l'aide de
la pioche dont on est muni, on dégage la terre
qui pourrait ou empêcher que les guides
posent bien à plat, ou porter obstacle au pi-
votement sur les piquets intérieurs.

Pour faire jouer les deux abattans de cette
tendue, on fait usage d'une corde d'une longueur suffisante pour aller de la tête des nappes jusqu'à l'endroit où se place le chasseur.

Cette corde se subdivise du côté du filet en deux cordes f, f, terminées chacune par une boucle, et ayant, de cette boucle jusqu'à l'endroit de leur réunion, une longueur égale à quatre fois la largeur des nappes. Au moyen des boucles qui terminent ces cordes, on enlace l'extrémité supérieure de chacune des deux guides de la tête du filet ; et, dans cet état, en tirant à soi la corde G, que l'on appelle corde de tirage, on voit si les abattans font aisément l'effet voulu, et si l'un des deux ne met pas plus de temps à tomber que l'autre, ce qui dépend seulement de la position des piquets qui tiennent les cordes employées à tendre le côté extérieur des nappes ; il suffit alors de rapprocher vers le centre un des piquets ou les deux de l'abattant dont le mouvement est trop lent.

On cherche ordinairement à avoir le vent à dos ; cependant, dans quelques circonstances, on néglige cette règle, et quelquefois, dans ce cas, c'est le vent qui retarde la chute d'un abattant. Il suffit dans ce cas de raccourcir le bras de la corde de tirage qui doit faire mouvoir l'abattant opposé au vent, parce qu'alors étant tiré avec une force plus puissante que celle qui agit sur l'autre abattant, il surmontera l'effort du vent et tombera en même temps.

Dans cet état, le nappiste conduit la corde de tirage jusqu'à l'endroit où il se place, que l'on appelle la *forme*; à l'aide de sa pioche, il creuse un peu la place où il met ses pieds pour avoir un point d'appui à leur donner, et relève cette terre sous lui pour en faire un siége, autour duquel il dispose une loge avec des branchages.

Il suffit, pour prendre les oiseaux dont nous avons parlé plus haut, après avoir tendu les nappes dont la corde de tirage va communiquer à la loge que l'on s'est préparée, de placer un pigeon, que l'on choisit ordinairement blanc, dans l'intervalle qu'elles doivent recouvrir. Ce pigeon est attaché au moyen d'un corselet à une corde soutenue à quelques pouces de terre par deux piquets, et le long de laquelle il peut se promener. Cet appareil réussit avec la plupart des oiseaux de proie déjà cités, surtout lorsqu'ils sont affamés. Mais il en est, et le faucon entre autres, qui, étant bien repus, dédaignent une proie fixée à terre et immobile. Pour attirer leur attention, quelques personnes conseillent de planter, dans l'intervalle des nappes, un piquet garni d'un anneau dans lequel on passe une longue ficelle. Un bout de cette ficelle reste dans la loge ; à l'autre extrémité, on attache le pigeon par son corselet, et on le rapporte avec soi dans la loge.

Comme le faucon vole souvent à une si grande élévation, qu'il échapperait aux regards du chasseur, celui-ci, pour être prévenu à temps de sa présence, se sert d'une pie-grièche privée. Cette pie-grièche est posée sur une petite loge en gazon qui doit lui servir de retraite, et se trouve fixée, au moyen d'une ficelle attachée par un bout à un piquet planté en terre près de sa loge, et dont l'autre bout est lié à la boucle de son corselet. S'il paraît quelque oiseau de proie dans les airs, la pie-grièche en annonce aussitôt la présence, et un chasseur un peu exercé peut juger par ses alarmes quelle est l'espèce de l'oiseau. En effet, si elle ne s'agite que faiblement, c'est une buse ou tout autre oiseau peu dangereux ; mais, lorsqu'elle se précipite dans sa loge et cherche à se cacher le plus possible, c'est un ennemi redoutable qu'elle signale, et ordinairement un faucon.

Le chasseur lâche aussitôt le pigeon, dont

la vue et le vol qui paraît libre, engagent l'oiseau de proie à descendre à portée de l'œil. S'il s'en tient là, le chasseur ramène à lui le pigeon et le renvoie une seconde fois. Ce retour irrite le faucon, qui fond sur lui et le lie. Alors, au moyen de la ficelle passée dans l'anneau du piquet qui se trouve planté au milieu des nappes, le chasseur entraîne les deux oiseaux sous ses filets, et court s'en emparer.

A l'aide d'un oiseau de proie privé, on peut encore attirer dans les nappes d'autres oiseaux de son espèce. On l'attache au bout d'une gaule d'un bois pliant et élastique de quinze ou vingt pieds de longueur, dont l'autre extrémité est plantée en terre. Au même bout où l'oiseau de proie est lié par les pieds, on attache une forte ficelle qui passe de même dans l'anneau d'un piquet planté au milieu des nappes. On emploie également la pie-grièche pour signaler l'approche de l'oiseau de proie; et, lorsqu'on la voit s'agiter, on tire la ficelle, la gaule s'abaisse et se plie en arc vers la terre. Dans cet état, l'oiseau, les ailes pendantes et la tête tournée en bas, semble s'abattre sur une proie, et celui de son espèce qui l'aperçoit du haut des airs se précipite vers lui et donne dans le piége.

L'antipathie qui anime les oiseaux de proie diurnes contre ceux de nuit, fait que l'on peut employer ces derniers pour les prendre. C'est ordinairement le grand-duc dont on se sert de préférence. On peut, par son moyen, prendre les oiseaux de proie de la plus forte taille, tandis qu'en employant l'effraye, le chat-huant et le hibou, on ne prend que des corneilles, des pies et des geais, et quelques oiseaux de proie des plus petites espèces.

On peut donc mettre un de ces oiseaux de nuit au milieu des deux nappes, à la place du pigeon que nous avons indiqué plus haut. Mais il faut le placer sur un *sanglot,* à l'extrémité duquel on attache une ficelle qui communique à la loge. Au moyen de cette ficelle, on force l'oiseau à s'agiter, lorsqu'on aperçoit un oiseau de proie, et celui-ci ne manque pas de s'abattre dessus.

On emploie davantage le grand-duc pour faire donner les oiseaux de proie dans des araignées tendues légèrement, et sous lesquelles ils tombent enveloppés. Mais il faut que préalablement le grand-duc soit dressé;

et voici en quoi consiste son instruction.

Il s'agit de lui apprendre à voler d'un bout à l'autre d'une corde de cent pieds attachée à deux billots sur lesquels cet oiseau se pose. Pour y parvenir, on l'enferme dans une chambre où l'on a placé deux billots en ligne droite, à quelques pieds de distance. On attache une corde qui va de l'un à l'autre billot. Cette corde est passée dans un anneau assez large pour glisser facilement ; une ficelle est liée d'un bout à cet anneau, et de l'autre à un second anneau fixé aux menottes que l'on met aux pates du duc. Cette disposition faite, on pose le duc sur un des billots, et on lui présente sa nourriture sur le billot opposé ; de façon qu'il ne peut y atteindre qu'en filant le long de la corde, sans que la ficelle qui l'y tient attaché soit assez longue pour lui permettre de se poser à terre. Lorsqu'il a pris une beccade, on transporte le pât sur l'autre billot, et on continue ainsi pendant chaque repas, en ayant soin chaque jour d'éloigner les billots. Peu à peu cet oiseau s'habitue à voler d'un billot à l'autre, seulement pour changer de place et sans y être poussé par le besoin de nourriture.

Voici comment on emploie cet oiseau ainsi

dressé. Sur la lisière d'un taillis, en élaguant quelques arbres, on pratique une ouverture qui conduit à une espèce de chambre que l'on a également disposée convenablement. L'ouverture supérieure est fermée par quelques branches qui, en permettant de voir ce qui se passe dans l'intérieur de la chambre, empêchent un oiseau de proie d'y pénétrer de plein vol ; au-dessous de ces branches, on tend une araignée, et les quatre faces intérieures en sont également garnies. Ces dernières doivent descendre jusqu'à trois pieds de terre, et toutes doivent être suspendues de manière à tomber au moindre choc d'un oiseau. On a eu soin de placer au milieu de cette chambre un billot, et à cent pas plus loin hors du taillis, et en ligne droite, un second billot avec une corde tendue de l'un à l'autre. Sur le billot placé hors du taillis, on pose un grand-duc attaché à la corde, comme nous l'avons dit, et on se retire dans une loge que l'on a pratiquée aux environs.

Lorsque le duc baisse la tête en tournant le globe de l'œil vers le ciel, on juge qu'il découvre quelque oiseau de proie. Bientôt il quitte son poste et vole vers le billot de l'intérieur, en passant par dessous les filets. L'oi-

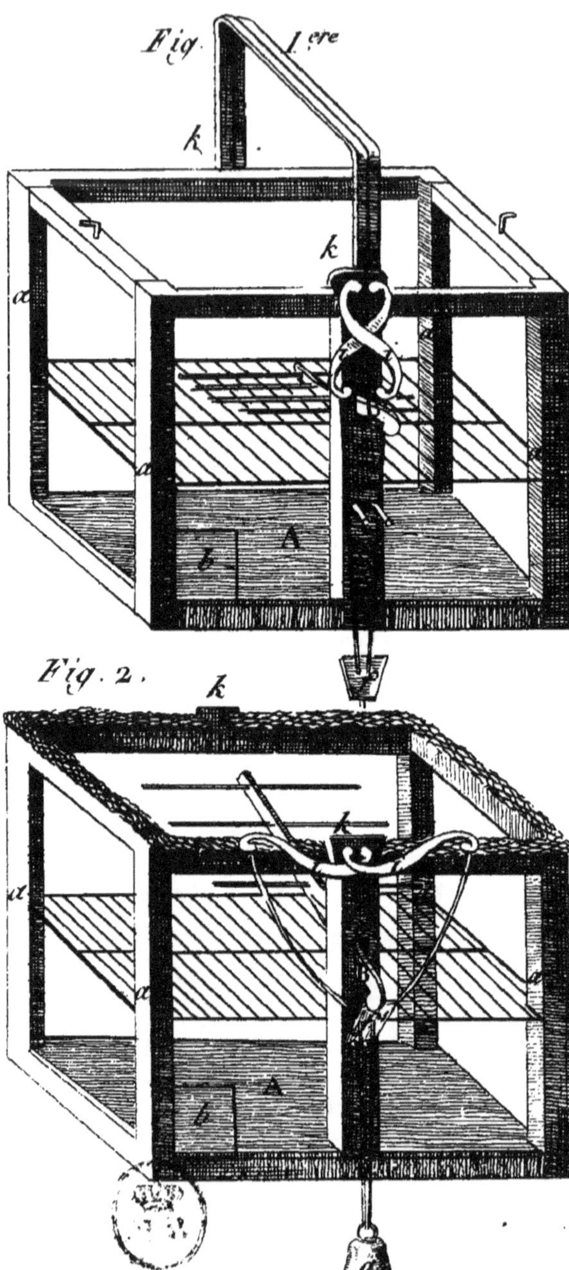
Fig. 1.ere
k
k
k
a
a
b
A
Fig. 2.
k
k
a
a
a
b
A
g

seau de proie ne le perd pas de vue, et se pré-cipite vers lui ; ou il donne de plein vol dans une des araignées qui ferme les côtés et qui tombe avec lui en l'embarrassant ; ou , après s'être posé sur une branche, il cherche à pé-nétrer dans l'intérieur par la partie supé-rieure où il rencontre également un filet qui retombe sur lui. Il faut aussitôt se hâter de s'en emparer.

Les araignées, spécialement destinées aux oiseaux de proie, ont des mailles de deux ou trois pouces, et une hauteur proportionnée à l'emplacement où l'on veut en faire usage.

On prend encore assez facilement des éper-viers et des autours avec des araignées de dix pieds environ de hauteur. On plante quatre pieux sur lesquels on suspend légèrement les araignées. On place au milieu du carré un pigeon blanc attaché à un piquet. L'oiseau, en voulant s'en emparer, s'empêtre dans l'a-raignée qui tombe et l'enveloppe. Il faut être prêt à s'en emparer.

On se sert encore avec avantage, contre les oiseaux de proie, de deux espèces de tré-buchets qui diffèrent peu l'un de l'autre, et dont le mécanisme est simple et l'effet sûr.

La fig. 1re de la pl. X représente un de

ces trébuchets détendu. Il se compose d'une cage formée de quatre montans en bois $a\,a\,aa$, avec quatre traverses à tenons en haut et en bas. Le fond inférieur est plein, et les quatre côtés sont fermés avec un filet. A un tiers de la hauteur est un grillage en fort fil de fer, qui forme une cage inférieure A destinée à recevoir l'oiseau qui doit servir d'appelant. Cette cage A a une petite porte b pour introduire l'oiseau, et on la garnit intérieurement de tout ce qui lui est nécessaire pour boire et manger. Un cinquième montant c se trouve au milieu de la face antérieure. Ce montant a une mortaise e par laquelle passe l'extrémité de la marchette B. Elle y est maintenue par une broche de fer qui traverse le montant c et l'épaisseur de la marchette, et forme le pivot sur lequel elle se meut facilement. L'autre extrémité de la marchette B est armée de petites baguettes qui remplissent la capacité de la cage, de manière qu'un oiseau ne puisse y entrer sans y toucher. La partie supérieure de la cage est garnie de deux battans de bois de forme carrée, qui sont fixés, au moyen de deux broches de fer sur lesquelles ils tournent, à deux oreilles kk. Ils ont de plus, à la partie antérieure, chacun une branche de fer *i i* dont la figure indique suffisamment la forme. Ces branches de fer *ii*, qui sont destinées à faire mouvoir les battans, y sont fixées au moyen d'un fort clou carré à ses deux bouts et rond au milieu pour tourner dans l'oreille *k*. On lie une corde à chacune des extrémités inférieures des branches *i i*. Ces deux cordes viennent se réunir à la planchette *f* qui sert à tendre le piége. A cette planchette est attachée une forte corde qui doit soutenir un poids ou une grosse pierre assez lourd pour faire fermer les battans et les maintenir dans cet état.

Pour tendre ce trébuchet, on abaisse les battans sur les traverses supérieures de la cage; on lève la marchette **B**, de manière que la coche qui se trouve en dessous de l'extrémité extérieure reçoive le petit côté de la planchette *f* qui appuie de l'autre sur deux piquets implantés dans le montant *c*, et qui s'y trouve maintenue par la pesanteur du poids *g*. Ce trébuchet doit être suffisamment élevé sur quatre pieds pour que le poids puisse agir; ou si on le laisse à terre, il faut alors creuser à l'endroit où doit tomber ce dernier.

On place ce trébuchet dans un endroit découvert; on met dans la cage inférieure un pigeon que l'on choisit ordinairement blanc pour qu'il soit aperçu de plus loin. Quand l'oiseau de proie veut s'en emparer, il fond dessus; son choc fait baisser la marchette B, la planchette f s'échappe; le poids g n'étant plus soutenu, agit de toute sa puissance, il fait baisser les branches de fer $i\,i$, qui, à leur tour, font fermer les deux battans, et l'oiseau se trouve pris.

La fig. 2, planche X, représente ce piége détendu.

La fig. 1re de la pl. XI représente le plan de la partie supérieure du second trébuchet, qui ne diffère de celui que nous venons de décrire que par la manière dont le piége se ferme. Le long des traverses supérieures de droite et de gauche AA règne une tringle de fer $i\,i$, un peu plus grosse qu'une plume à écrire. Ces deux tringles en soutiennent une troisième o de même force, qui y glisse facilement au moyen d'un anneau qui termine chacune de ses extrémités. Sur cette dernière est fixé un filet B d'une capacité suffisante pour couvrir la partie supérieure de la cage. A chacune des extrémités de la tringle o, est liée une corde $c\,c$, qui, passant dans un trou pratiqué à la traverse supérieure de devant,

Fig. 1.ᵉ

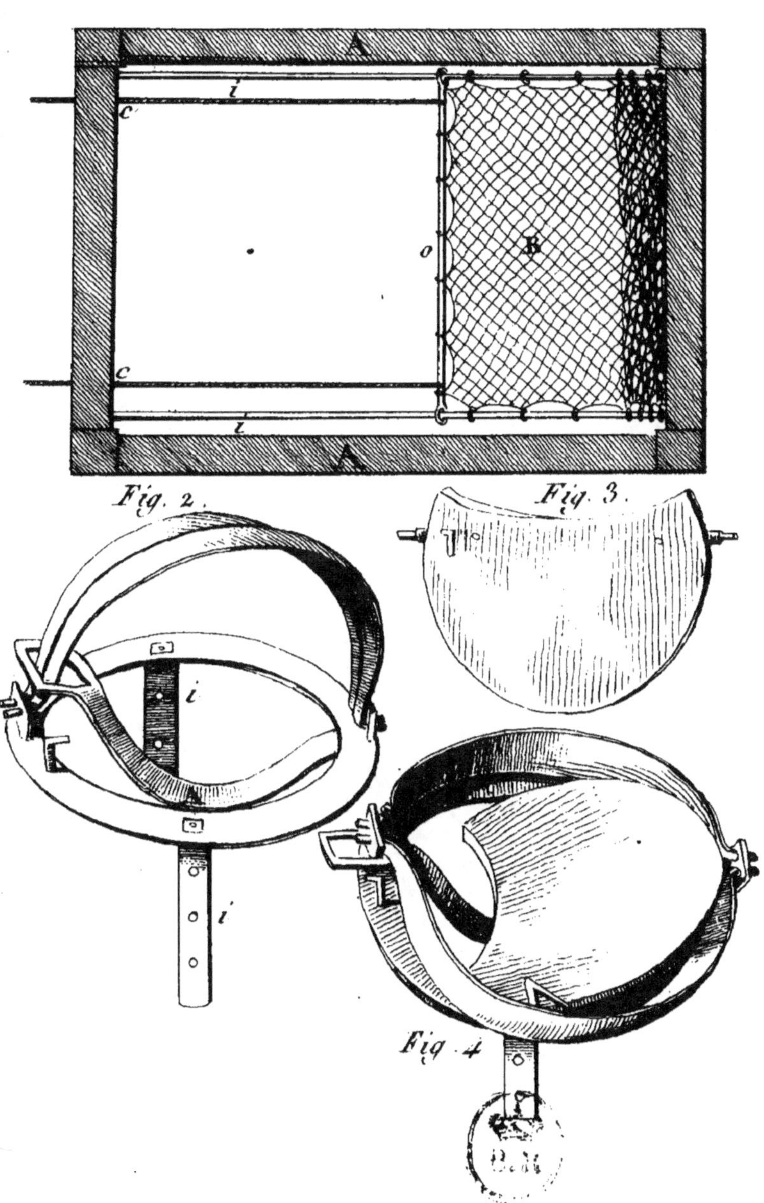

vient aboutir à la planchette f qui a les mêmes fonctions que celle du précédent. Pour tendre ce trébuchet, il faut retirer le filet B sur le derrière de la cage, élever la marchette, la retenir au moyen de la planchette f qui entre dans la coche et soutient le poids g. Dans cet état, un oiseau ne peut entrer dans la cage sans faire tomber la marchette; la planchette f s'échappe, le poids entraîne la tringle, celle-ci fait développer le filet, et la cage se trouve fermée.

On prend encore plusieurs oiseaux de proie avec des gluaux. On dispose une hutte avec des branches de verdure, afin de se soustraire à leur vue. On place, au-dessus de la loge, sur une raquette pareille à celle dont on se sert pour jouer à la paume, un pigeon blanc entouré de gluaux longs et menus. Une ficelle attachée à la raquette communique à l'intérieur de la loge, et le chasseur s'en sert pour faire remuer le pigeon lorsqu'un oiseau de proie se présente. Celui-ci ne l'a pas plus tôt aperçu, qu'il fond dessus, s'englue, et tombe au pied de la loge où le chasseur se hâte de le saisir.

Il arrive aussi souvent que l'on prend, à la pipée, des chouettes lorsqu'on imite bien leur eri, et des buses qui, en voulant s'emparer de quelques oisillons, se trouvent arrêtées par les gluaux.

Enfin on dispose encore contre les oiseaux de proie un traquenard semblable à celui représenté fig. 1re, pl. III, page 163, et que l'on tend à terre après l'avoir amorcé d'une manière convenable, et le traquenard à poteau fig. 2, pl. XI, qui ne diffère de celui-ci que par son ressort A replié en dessous, et parce qu'il est garni de deux branches de fer i i percées de deux ou trois trous pour le fixer sur le poteau. Ce piége est principalement usité contre les oiseaux de proie nocturnes, surtout ceux qui ont l'habitude de se poser sur quelque chose pour guetter leur proie. En plaçant des poteaux d'une vingtaine de pieds de hauteur, à quarante ou cinquante pas sur la lisière des bois du côté de la plaine, et les armant de ce traquenard, on est sûr d'en prendre beaucoup, parce que les oiseaux de nuit, en sortant de leur retraite, vont se poser de préférence sur les troncs d'arbres isolés. Lorsqu'il se trouve quelques arbres morts, on peut, après en avoir coupé les branches, placer un traquenard sur le tronc. L'oiseau, en voulant se poser sur la marchette, la fait tourner et se fait prendre par les pates. On y prend aussi des oiseaux diurnes. Ce piége et le traquenard simple tendu à terre sont, de tous, le plus employés dans les forêts royales. La fig. 3 est celle de la marchette représentée à part pour mieux laisser voir la composition du traquenard fig. 2. La fig. 4 représente le même piége tendu.

Les corbeaux, corneilles, pies, geais et pies-grièches ne doivent pas être éloignés de tous les endroits où l'on élève du gibier avec moins de soins que les autres oiseaux de proie. Ces espèces étant très-nombreuses et détruisant un grand nombre d'œufs et de jeunes élèves, nous allons indiquer les différens moyens employés contre elles.

La destruction de leurs nids, de leurs œufs, de leurs petits, est celui qu'il faut d'abord employer, parce qu'il est le plus efficace, et les gardes doivent, dans la saison, y donner toute leur attention.

On peut prendre les corbeaux, corneilles, pies et geais avec le trébuchet *à ressort de cordes*, appâté avec un petit morceau de viande à demi-gâtée pour les corbeaux, corneilles et pies; ou avec des fèves, des noix, des glands, des cosses de pois, des cerises, différentes baies pour les freux, les choucas et les geais.

La fig. 1ʳᵉ de la pl. **XII** représente ce trébuchet détendu, dont le ressort est formé d'une corde tournée dans le genre de celle qui sert à bander une scie.

Ce piége se compose de deux demi-cercles en fil de fer; le premier *a a* fait ressort et est fixé sur une petite planche *c d;* le second, *b b* sert de battant ; sa grosseur est de moitié moindre que celle du premier ; les extrémités du demi-cercle *b b* sont contournées en angles, dont une branche est prise dans la corde. Cette forme angulaire offre l'avantage de laisser moins d'intervalle entre les deux demi-cercles, et donne la facilité d'y lier le filet sans laisser de vide.

Le demi-cercle *a a* est fixé sur la planchette au moyen de deux attaches en fil de fer. Cette planchette *c d* a une longueur proportionnée à la grandeur du filet ; il faut observer néanmoins qu'elle doit, le piége étant détendu, surpasser le demi cercle *a a* de deux pouces, et le demi-cercle *b b* de trois quarts de pouce environ ; sa largeur est à peu près de 15 lignes, et son épaisseur dépend de la force du fil de fer que l'on emploie, attendu qu'elle

Fig. 1.

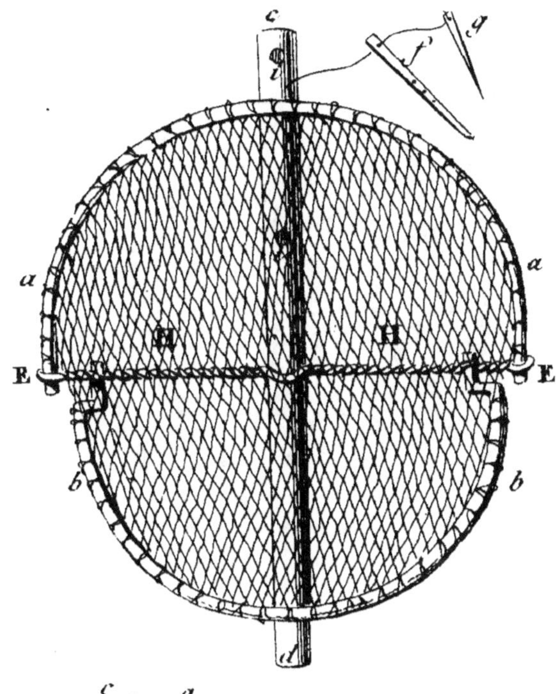

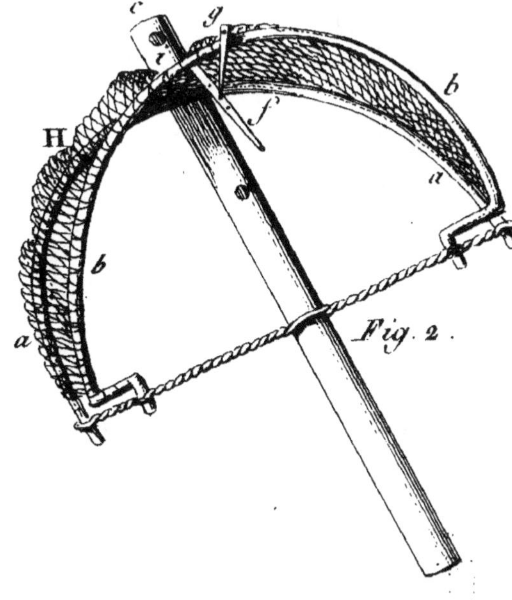

Fig. 2.

doit être assez solide pour pouvoir tourner la corde. Cette planchette est percée de deux trous aux points *i i*, pour pouvoir assujettir le piége contre terre, au moyen de deux capucines longues de 4 à 5 pouces, et que l'on enfonce dans ces trous et dans la terre ; cette précaution est surtout essentielle pour des oiseaux un peu gros.

Le ressort de ficelle E E, qui traverse le piége et embrasse les quatre extrémités des demi-cercles, se compose d'une ficelle fine et forte, mise en plusieurs doubles. Pour la tordre, on passe, dans les boucles que forme cette ficelle à ses extrémités, les bouts du demi-cercle *a a*, ainsi que ceux du demi-cercle *b b*, et avec ces derniers on tord la corde dans les intervalles qui se trouvent entre les quatre bouts des demi-cercles, en passant le demi-cercle *b b*, dans l'autre *a a*, un nombre de fois suffisant, et de manière que les révolutions que l'on lui fait faire aient lieu en-dessus de la ficelle de *d* en *c*. Cela fait, on passe la planchette *c d* dans le milieu des doubles de la ficelle, et on la tord en sens inverse à celui où on a tourné la première fois, c'est-à-dire de *c* en *d* ; lorsqu'elle est suffisamment tordue, le demi-cercle *b b*, qui fait battant, doit être fortement attiré vers *d.* On ajuste alors la planchette dans la position qu'elle doit occuper, et on y fixe le demi-cercle *a a* au moyen de deux attaches de fil de fer, disposées de manière à pouvoir démonter le piége quand on le désire ; car on conçoit que le plus ou moins d'humidité de l'atmosphère influant sur la tension de la ficelle, il faut être à même de serrer ou de desserrer la corde, quand cela est nécessaire.

On attache ensuite sur les demi-cercles un filet **H H** en fort fil de Flandre, à mailles en losange et d'un diamètre de 24 à 3o lignes. Il faut que la dimension du filet soit telle, qu'il puisse faire poche.

La détente est attachée à la planchette, à son extrémité *c*, au point *i*, au moyen d'une ficelle fine et forte. Elle se compose de deux petits morceaux de bois *f*, *g*. Celui *f* est percé de trois trous ; le premier à son extrémité supérieure dans lequel passe la ficelle qui le fixe au support du piége, et sur laquelle il peut monter et descendre, un autre trou au milieu, et le troisième à son extrémité inférieure. Le second morceau de bois *g* est percé d'un seul trou par lequel passe la même ficelle qui y est terminée par un nœud solide. Dans tous ces trébuchets, la longueur de la ficelle qui tient la détente doit être telle, qu'elle aille jusqu'au second trou *i*.

La fig. 2 représente le même piége tendu. Pour y parvenir, il suffit de relever le battant *b b*, en le rapprochant du demi-cercle *a a*; on range tout autour le filet **H**, de manière à ce que rien ne l'accroche et l'empêche de se développer quand le battant s'abat ; et , pour maintenir ce dernier dans cette position, on passe dans les mailles du filet le morceau de bois *f* de la détente, et , par dessus le battant , l'autre morceau *g*, dont l'extrémité taillée en pointe aiguë s'engage pour les petits oiseaux dans le trou placé à l'extrémité inférieure du morceau de bois *f*, et pour les oiseaux plus forts dans celui qui se trouve au milieu, parce qu'alors la détente est plus dure; dans cet état, le piége est tendu. Pour attirer les oiseaux, on place, à l'extrémité du morceau de bois *f*, l'appât qui leur plaît le plus et que l'on assujettit plus ou moins, selon que l'on aura disposé la détente ; l'oiseau venant à toucher l'appât, fait échapper le morceau de bois *g* du trou dans lequel il est engagé; et la corde, faisant effort pour ramener le battant, l'entraîne si vivement , que l'oiseau est aussitôt enveloppé sous le filet.

Ce piége, comme on le voit, est extrêmement simple, et peut, nous le répétons, s'employer, dans beaucoup de circonstances, avec quelques modifications, contre tous les oiseaux qui se posent à terre.

Il est inutile de dire sans doute que, lorsqu'on le tend, il faut unir la terre sur laquelle on le pose, afin qu'il n'existe entre les demi-cercles et le sol, lorsque le piége est détendu, aucun vide qui puisse favoriser la fuite du prisonnier.

Quand on a pu se procurer une corbine vivante, on peut espérer d'en prendre plusieurs autres; pour cela, on la couche sur le dos, et on l'attache à terre au moyen de deux piquets à crochet, qui l'assujettissent de chaque côté, en la saisissant à la naissance des ailes. Dans cette position, l'oiseau qui a les serres et le bec libres, mais qui est très-gêné, pousse des cris plaintifs auxquels accourt une foule de corneilles, comme pour le secourir. En faisant des efforts pour se dégager, le prisonnier cherche à s'accrocher à tout ce 'qu'il rencontre, et retient bientôt dans ses serres quelque autre corneille qu'il ne lâche que

lorsque

lorsque l'on vient la lui ôter. Le même moyen réussit très-bien à l'égard des geais.

En faisant des pipées dans les bois où ces oiseaux abondent, on peut y prendre une grande quantité de geais et de pies-grièches, qui se montrent très-ardens à donner dans le piége. On prend aussi de cette manière quelques corbeaux, corneilles et pies, en disposant deux ou trois branches élevées, que l'on garnit de gluaux.

On prend encore de tous ces oiseaux, aux abreuvoirs, au moyen des divers piéges que l'on emploie à cette sorte de chasse. Il faut avoir soin d'appâter les piéges d'amorces convenables aux différentes espèces.

Enfin, des collets en fil de laiton et en crins, placés sur les arbres ou dans les champs où ces oiseaux s'abattent en troupe, en ayant soin, dans ce dernier cas, de jeter aux alentours quelques appâts, réussissent encore assez bien.

Quelques auteurs conseillent deux autres moyens que nous n'avons jamais employés, et que nous rapportons ici sans y attacher une grande importance. Le premier consiste à enduire de bonne glu l'intérieur de plusieurs cornets de parchemin, au fond desquels on place un petit morceau de chair; on plante ces cornets dans la neige. Lorsque les corbeaux ou corneilles, pour s'emparer du morceau de chair, enfoncent la tête dans les cornets, la glu dont ils sont enduits s'attache aux plumes; ils s'envolent alors perpendiculairement, coiffés du cornet, et retombent bientôt comme une masse aux pieds des chasseurs, pour qui ce doit être plutôt un amusement qu'un moyen de détruire ces oiseaux.

Voici en quoi consiste le second procédé. Plusieurs hommes, vêtus de noir, montent sur des arbres et s'y tapissent; d'autres, armés de longues perches, vont effaroucher les corneilles perchées aux environs; car cette chasse n'a lieu que la nuit. Ces oiseaux, obligés de fuir, voltigent d'arbre en arbre; et, apercevant les hommes vêtus de noir qui ne font aucun mouvement, ils les prennent pour d'autres corneilles, et vont se poser auprès, de façon que ceux-ci n'ont qu'à étendre la main, les saisir, leur tordre le cou, et les jeter à terre.

Il nous reste à parler d'un moyen de destruction, pour les espèces carnivores, qui consiste à jeter çà et là, dans les endroits fréquentés par les corbeaux, des morceaux de chair hachée et saupoudrée de noix vomique. On laisse ces morceaux de chair s'imprégner, pendant vingt-quatre heures, de poudre de noix vomique; on en forme ensuite des boulettes que l'on distribue comme nous venons de le dire. Aussitôt que les corbeaux ou corneilles y ont touché, ils se trouvent tellement enivrés, qu'on peut les prendre à la main; mais si on leur donne le temps de se remettre, ils retrouvent assez de force pour regagner leur gîte, où ils finissent néanmoins par mourir. Ce moyen est assez dangereux, en ce que la noix vomique est un poison pour les chiens (1), et que c'est surtout ceux de bergers qui s'y trouveraient le plus exposés. On doit donc être scrupuleux sur son emploi, et ne le mettre en usage que dans des endroits clos; il est vrai qu'on diminue cet inconvénient en se servant de la chair d'un chien mort, comme on le fait pour les loups.

On conseille encore de jeter, pendant quelques jours, dans les lieux que ces oiseaux fré-

---

(1) Si l'on s'apercevait à temps qu'un chien fut empoisonné, on peut espérer de le guérir en lui faisant avaler le plus possible de l'eau mêlée de vinaigre.

quentent, des petits morceaux de chair, afin de les y attirer. On dispose ensuite un nombre suffisant d'hameçons montés sur fil de laiton, et on les amorce également avec un peu de chair. Ces hameçons sont retenus par des ficelles liées à des piquets enfoncés à rez de terre. Lorsque l'on tend ces hameçons par un temps de neige, qui est le plus favorable, il n'est pas rare d'y prendre quelques oiseaux. On doit de même amorcer avec de la chair d'un chien mort, pour éviter les accidens. On peut employer ce moyen contre les freux et les choucas, en amorçant avec des fèves de marais ou des noix.

On détruit encore les corbines et les freux, en leur offrant des fèves de marais dans lesquelles on a piqué des aiguilles rouillées. Ces aiguilles, mises à nu par la digestion, finissent par déchirer les intestins de l'animal.

Pendant l'hiver, on peut prendre aisément des geais aux fossettes, qui, quoique piége d'enfant, ne sont pas à dédaigner, puisqu'elles sont le tombeau d'un grand nombre de ces oiseaux.

C'est principalement de novembre en mars qu'elles réussissent le mieux, parce qu'alors la disette des fruits rend les geais plus hardis à fondre sur les appâts qu'on leur présente.

On creuse, le long des haies, ou aux environs des buissons à l'abri des vents de nord et nord-est, des petites fosses auxquelles on donne cinq pouces de profondeur sur six de largeur et douze de longueur. On en garnit le fond de noix, de baies de genièvre et de chenevis, de blé, de vers de terre, etc., et on se sert pour couvrir cette fosse d'une pièce de gazon, d'une tuile ou d'une pierre plate, d'une dimension égale à l'ouverture de la fosse. Cette pierre ou tuile est soutenue au moyen d'un quatre de chiffre que les geais en entrant dans la fosse ne manquent pas de faire tomber.

On donne, pour prendre ces mêmes oiseaux, un moyen assez plaisant, mais que que nous ne garantissons pas. Ce moyen consiste à placer, dans les endroits que fréquentent les geais, un plat de grandeur ordinaire, profond d'environ cinq à six pouces, et rempli d'huile de noix. On assure que le geai, voyant son image dans l'huile, s'y jette aussitôt. Lorsqu'il en sort, son plumage en est tellement imprégné, qu'il ne lui est pas possible de voler; et le chasseur, embusqué aux environs, parvient à s'en emparer sans beaucoup de peine.

Tout propriétaire, amateur de la chasse, doit stimuler par des récompenses le zèle de son garde pour la destruction des animaux nuisibles. Il y parvient en mettant un prix à la tête de chacun, soit que le garde l'ait tué d'un coup de fusil, soit qu'il l'ait pris au piége. Nous croyons donc bien faire de terminer cet ouvrage en donnant le tarif des indemnités qui se paient pour chaque animal.

Tarif des indemnités accordées pour chaque tête d'animal, suivant les règlemens du grand-veneur.

Carnivores.

		fr.	c.
Loup.	mâle.	12	»
	femelle pleine.	12	»
	id. non pleine.	15	»
	louveteau.	3	»

		Indemnité ancienne.		Indemnité actuelle.
		fr.	c.	
Renard. . . .	mâle.	1	25	
	femelle.	2	»	2 »
	renardeau.	»	75	1 5o

		Indemnité ancienne.		Indemnité actuelle.	
		fr.	c.	fr.	c.
Blaireau...	mâle...........	»	75	1	50
	femelle	2	»		
	jeune.........	»	75	»	75
Fouine....	mâle..........	»	5o	»	75
	femelle.......	»	75		
	jeune........	»	35	»	25
Putois.....	mâle..........	»	5o	»	5o
	femelle.......	»	75	»	75
	jeune........	»	35	»	25
Marte.....	mâle..........	»	5o	»	5o
	femelle.......	»	5o	»	5o
	jeune........	»	25	»	25
Chat......	mâle..........	1	25	1	»
	femelle.......	2	»	1	5o
	jeune........	»	75	»	75
Belette....	mâle..........	»	5o	»	5o
	femelle.......	»	5o	»	5o
Hermine..	mâle..........	»	5o	»	5o
	femelle.......	»	5o	»	5o
Loir......	mâle..........	»	5o	»	5o
	femelle.......	»	5o	»	5o
Hérisson...	mâle..........	»	25	»	25
	femelle.......	»	25	»	25
Chiens errans.	mâle..........	1	»	»	5o
	femelle.......	1	»	»	5o
Loutre....................		1	5o	1	5o
Rat......................		»	5o	»	5o

		Indemnité ancienne.		Indemnité actuelle.	
		fr.	c.	fr.	c.

Oiseaux de proie.

		fr.	c.	fr.	c.
Faucon	mâle	2	»	2	»
	femelle	2	»	2	»
	jeune	1	»	»	75
Buse	mâle	2	»	2	»
	femelle	2	»	2	»
	jeune	1	»	1	»
Milan	mâle	2	»	1	50
	femelle	2	»		
	jeune	1	»	»	75
Autour	mâle	2	»	1	50
	femelle	2	»		
	jeune	1	»	»	75
Cresserelle	mâle	2	»	1	50
	femelle	2	»		
	jeune	1	»	»	75
Hobereau	mâle	2	»	1	50
	femelle	2	»		
	jeune	»	75	»	50
Emérillon	mâle	1	50	1	
	femelle	1	50		
	jeune	»	75	»	50
Corneille	mâle	»	25	»	25
	femelle	»	25	»	25
	jeune	»	12	»	15

		Indemnité ancienne.		Indemnité actuelle.	
		fr.	c.	fr.	c.
Pie	mâle	»	25	»	25
	femelle	»	25	»	25
	jeune	»	12	»	15
Geai	mâle	»	12	»	15
	femelle	»	12	»	15
	jeune	»	5	»	5
Pie-grièche	mâle	»	12	»	15
	femelle	»	12	»	15
	jeune	»	5	»	5
Chat-huant	mâle	»	12	»	15
	femelle	»	12	»	15
	jeune	»	5	»	5
Hibou	mâle	»	12	»	15
	femelle	»	12	»	15
	jeune	»	5	»	5
Chouette	mâle	»	12	»	15
	femelle	»	12	»	15
	jeune	»	5	»	5

FIN.

TABLE

DES MATIÈRES.

FIN DE LA TABLE DES MATIÈRES.

DE L'IMPRIMERIE D'A. EGRON,

rue des Noyers, n° 37.